U0352220

「燃料電池」のキホン

本間琢也　上松宏吉　　ソフトバンク クリエイティブ株式会社　2010

著 者 简 介

本间琢也

　　出生于日本大阪。1957 年完成京都大学研究生院工学研究专业硕士课程。自进入通产省电子技术综合研究所(现产业技术综合研究所)工作以来,一直从事能量工学的研究。1970 年任能量转换研究室主任;1979 年被聘为筑波大学教授;1993 年出任新能量产业技术综合开发机构(NEDO)理事,同年被聘为筑波大学名誉教授;1997 年出任日本燃料电池开发情报中心常任理事;2005 年任该情报中心顾问。主要著作有『燃料電池入門講座』(电波新闻)、『水素・燃料電池ハンドブック』(OHM 社)等。

上松宏吉

　　1940 年出生于日本神奈川县,毕业于日本法政大学工学部经营工学专业。1962 年进入现在的 IHI 公司工作,从事 LNG 温差发电、煤炭气化、燃料电池(担任燃料电池项目部部长)方面的工作;2000 年任丸红株式会社科技负责人;2001 年任 FC 科技有限公司董事长;2007 年开始任公司顾问至今。主要著作有『燃料電池発電システムと熱計算』、『水素・燃料電池ハンドブック』(共著)、『エネルギー用語辞典』(共译)(以上均由 OHM 社出版)等。

坂本纪子(Design Studio Palette)

　　美术指导。

野边 Hayato

　　封面绘图。

山本　治(atelier TRUMP HOUSE)

　　内文插图。

绿色的革命：
漫话燃料电池

〔日〕本间琢也　上松宏吉／著

乌日娜／译

科学出版社

北京

图字：01-2011-4289号

内 容 简 介

我们生活的世界有形形色色的事物和现象,其中都必定包含着"科学"的成分。在这些成分中,有些是你所熟知的,有些是你未知的,有些是你还一知半解的。面对未知的世界,好奇的你是不是有很多疑惑、不解和期待呢?!"形形色色的科学"趣味科普丛书,把我们生活和身边方方面面的科学知识,活灵活现、生动有趣地展示给你,让你在畅快阅读中收获这些鲜活的科学知识!

燃料电池,一个我们既熟悉又陌生的新事物。使用它,就可以通过氢气和氧气高效率地获得电能。本书主要以燃料电池为中心,探讨了燃料电池的原理、特征,燃料电池与其他电池的区别,燃料电池的种类、应用领域,以及燃料电池发展史和开发动向等。

本书适合青少年读者、科学爱好者以及大众读者阅读。

图书在版编目(CIP)数据

绿色的革命:漫话燃料电池/(日)本间琢也,(日)上松宏吉著;乌日娜译.—北京:科学出版社,2011 (2019.1重印)

("形形色色的科学"趣味科普丛书)

ISBN 978-7-03-031869-5

Ⅰ.绿… Ⅱ.①本…②上…③乌… Ⅲ.燃料电池-普及读物 Ⅳ.TM911.4-49

中国版本图书馆 CIP 数据核字(2011)第 141489 号

责任编辑:王 炜 赵丽艳 / 责任制作:董立颖 魏 谨
责任印制:张 伟 / 封面设计:柏拉图创意机构

北京东方科龙图文有限公司 制作

http://www.okbook.com.cn

科学出版社 出版
北京东黄城根北街 16 号
邮政编码:100717
http://www.sciencep.com

北京虎彩文化传播有限公司 印刷
科学出版社发行 各地新华书店经销

＊

2011 年 8 月第 一 版 开本:A5(890×1240)
2019 年 1 月第四次印刷 印张:6 1/2
字数:182 000

定 价:45.00 元

拥抱科学，拥抱梦想！

伴随着20世纪广域网和计算机科学的诞生和普及，科学技术正在飞速发展，一个高度信息化的社会已经到来。科学技术以极强的渗透力和影响力融入我们日常生活中的每一个角落。

"形形色色的科学"趣味科普丛书力图以最形象生动的形式为大家展示和讲解科学技术领域的发明发现、最新技术和基本原理。该系列图书色彩丰富、轻松有趣，包括理科知识和工科知识两个方面的内容。理科方面包括数学、理工科基础知识、物理力学、物理波动学、相对论等内容，本着"让读者更快更好地掌握科学基础知识"的原则，每本书将科学领域中的基本原理和基本理论以图解的生动形式展示出来，增加了阅读的亲切感和学习的趣味性；工科方面包括透镜、燃料电池、薄膜、金属、顺序控制等方面的内容，从基本原理、组成结构到产品应用，大量照片和彩色插图详细生动地描述了各工科领域的轮廓和特征。"形形色色的科学"趣味科普丛书把我们生活和身边方方面面的科学知识，活灵活现、生动有趣地展示给你，让你在畅快阅读中收获这些鲜活的科学知识！

愉快轻松的阅读、让你拿起放不下的有趣科学知识，尽在"形形色色的科学"趣味科普丛书！

出场人物介绍

青蛙：跳跳

本书的主角。擅长制作各种小玩意儿，对任何事物都抱有浓厚的兴趣。渴望着将来亲自制造出具有划时代意义的产品。

⭐ 向 导

氧气兄弟（氧气）
作为大家的领导者，跟大家能意气相投，能够产生氧化物。作为宇宙中含量第三的元素而闻名于世，氧气是动物生存必需的物质。

氢气兄弟（氢气）
氢是宇宙中含量最多的元素。由于重量非常轻，非常容易扩散。总是充满朝气。无论什么事都喜欢拿第一。

所谓电池三兄弟,是指太阳能电池、燃料电池和蓄电池(充电电池)。电池作为最具代表性的能源设备,正向着大力开发和普及的方向发展。电池三兄弟的工作原理是光伏效应和电化学现象,这些科学发现和燃料电池的设想都集中发生于1800年前后,可以说,这是一件非常有趣的事。

太阳能电池是通过光电效应把太阳的光能转化成电能的装置。太阳能电池技术近年来得到了迅速的发展和普及。起初,燃料电池被应用于人造卫星等宇宙探索领域,从太空"降落"到地面之后,燃料电池在我们的日常生活中也得到了广泛应用,主要是作为提供电能和热能的热电联产设备和汽车用动力源。从2009年起,家用燃料电池作为商用机开始销售。据预测,燃料电池汽车最早将于2015年前后进入全面普及期。

太阳能电池和燃料电池属于发电设备,而充电电池则是储存电能的装置。太阳能电池的能量来源是太阳,因此供给源的大幅变动是不可避免的。那么,仅仅为了大量高效地取用可再生能源,而绝口不提充电电池的做法是行不通的。以这一设想为起点,可以引出智能电网的概念。智能电网是将IT技术引入电网的设想,与充电电池和电动汽车一同作为调整需求的一种手段,其意图是建设环境负担小的能源基础设施。以智能电网为出发点,人们提出了智能能源系统的设想。在智能能源系统中,燃料电池将与氢气一起发挥重要的作用。于是,以智能能源系统为起点,人们也开始期待氢气能源社会的到来。

这是一本通俗易懂的燃料电池入门书。本书主要以燃料电池为中心,探讨了燃料电池的原理、特征,燃料电池与其他电池的区别,燃料电池的种类、应用领域,以及燃料电池发展的历史和开发动向的相关内容。如果本书能够对广大读者认识和了解燃料电池提供一定的参考和帮助,我们将深感欣慰。

本间琢也　上松宏吉

漫话 燃料电池 目录

COLUMN　燃料电池和充电电池的基本原理都是氧化还原反应　　090

第3章　生活中广泛应用的家庭用燃料电池

COLUMN　家庭用燃料电池与电力系统联合运转　　118

第 1 章

什么是燃料电池

燃料电池是将天然气等普通燃料的化学能通过电化学反应转变成电能的装置。燃料电池的反应与水的电解反应互为可逆反应。燃料电池是通过氢气和氧气（空气）的反应来产生电能的。本章将简单介绍燃料电池的工作原理。

001 燃料电池反应与水的电解反应互为逆反应，燃料电池通过氢气和空气的反应产生电能

　　由于燃料电池的名字中带有电池二字，也许有人会理所当然地把它想象成像干电池和充电电池一样能够储存电能的设备，但是事实上燃料电池并不能储存电能。由于燃料电池是一种发电设备，与其说燃料电池是汽车用铅蓄电池和移动终端等设备用锂离子电池的同类，还不如说燃料电池更接近于内燃发电机以及构造不同的小规模火力发电厂。

　　本书在以后的章节中会详细地介绍燃料电池的工作原理，鉴于其基本反应与中学里学过的**水的电解反应**互为逆反应，应该比较容易理解。作为理解燃料电池的构造和工作原理的前期准备，这里先简单说明一下水的电解现象之外的其他内容。

　　水的电解反应是按如下所示的化学反应进行的，是水电解产生氢气和氧气的反应。首先，在**电解槽**容器中装满硫酸溶液和氢氧化钠溶液。在硫酸溶液的情况下，这种液体由带有正电荷的氢离子（H^+）和带有负电荷的硫酸根离子（SO_4^{2-}）组成，因此这种液体被称为**电解液**。从这种液体外部通入电流（施加电场）时，正离子和负离子分别向电荷相反的电极移动从而形成电流。也就是说，电解液是通过离子的移动传导电能的**离子导电体**。

　　电解反应如　　所示，将两枚连有铂金（Pt）板的导电体支持棒按一定间隔插入电解槽中。接着将一边连有铂金板的支持棒接到电源的正极（＋），将另一边的支持棒接到电源的负极（－）时，从与正极连接的白金板上产生氧气，从与负极连接的白金板上产生氢气。

CHECK!
- 燃料电池是一种发电装置
- 电解液由正离子和负离子组成

图1 水的电解反应的相关概念

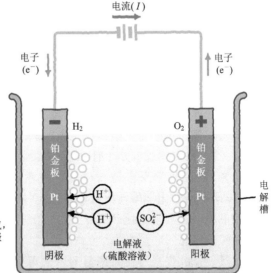

电流(I)
电子
(e^-)
电子
(e^-)
H_2
O_2
铂金板
Pt
铂金板
Pt
H^+
H^+
SO_4^{2-}
电解槽
阴极
电解液
（硫酸溶液）
阳极

阳极电极在电解液中产生氧气，在电路回路中释放电子。阴极电极从电路回路中接受电子，在电解液中产生氢气。

图2 水的电解反应与燃料电池反应互为逆反应

水的电解
电能
氢气
氧气
提供电能时产生氧气和氢气
燃料电池
氢气
氧气
电能
提供氢气和氧气时产生电能

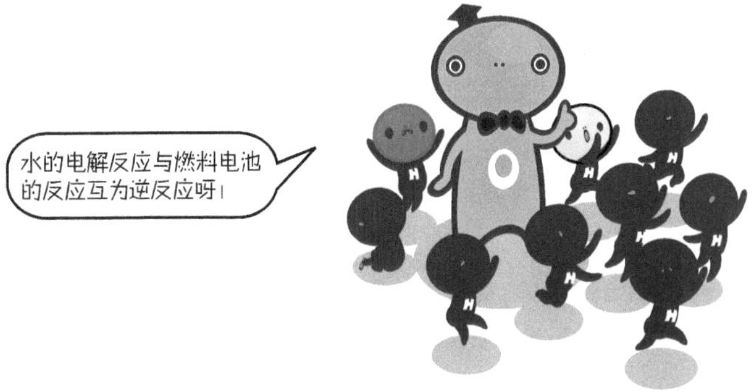

水的电解反应与燃料电池的反应互为逆反应呀！

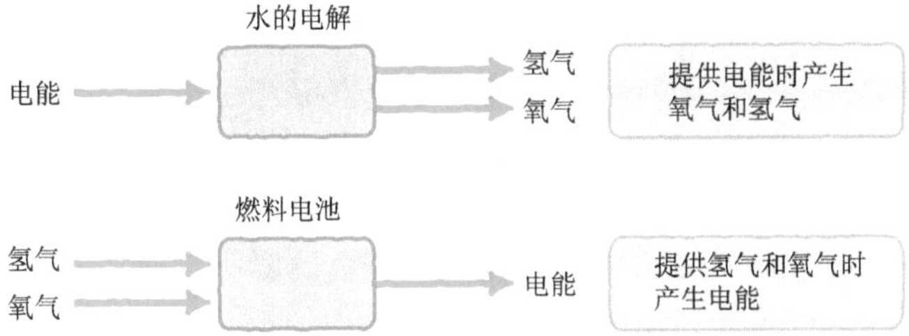

燃料电池的反应是指从燃料直接产生电能的电化学反应

　　虽说燃料电池可以定义为内燃发电机或者火力发电机的一种,但它们之间还是有区别的。其中最大的区别在于,燃料电池能将燃料的化学能通过电化学的反应过程转化成电能(电力),与此不同的是,火力发电则是经过　　左侧所示的若干步骤产生电能。

　　那么,这个**电化学**反应是个什么样的过程呢? 根据化学教科书,电化学的定义为"研究化学反应能与电能的关系以及相互转化等的知识领域"。这里所说的电化学的转化可以解释为"根据电化学反应将化学能直接转变为电能的过程"。由于燃料电池的这个特征,燃料电池的反应也可以被称为**直接转化**。

　　天然气、石油、煤炭等化石燃料和木炭等生物资源通过燃烧(氧化反应)能够将化学能转化成热能。热能具有加热物质的能力,比如水进行加热之后温度升高变成水蒸气,再进一步加热时能够产生高压水蒸气。蒸汽涡轮机的作用正是将这种水蒸气的压力转化成转动的运动能。于是,将发电机连接到蒸汽涡轮机的主轴上,就能够产生电能。这就是蒸汽式涡轮机火力发电的过程。

　　另外,内燃发电机将汽油等液体燃料气化为气体状态,然后与空气进行混合送入气缸,燃烧这种混合气体时产生的膨胀力使活塞产生往复运动,再通过改变旋转运动进行发电。

　　● 燃料电池是将化学能直接转变成电能的装置
　　● 电化学反应能够将化学能与电能相互转化

图1

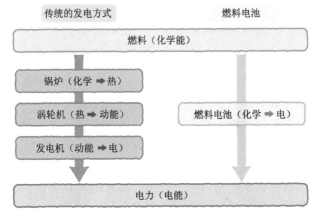

传统的发电方式　　　　　　　燃料电池

燃料（化学能）

锅炉（化学 ➡ 热）

涡轮机（热 ➡ 动能）

燃料电池（化学 ➡ 电）

发电机（动能 ➡ 电）

电力（电能）

燃料电池通过一次转化将化学能转变成电能，因此这种转化
过程也被称作直接转化。

图2

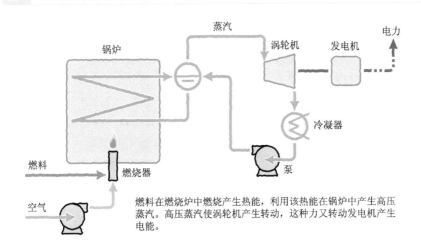

蒸汽

电力

锅炉　　　　　　　　　　　涡轮机　　发电机

冷凝器

燃料　　　燃烧器

空气　　　　　　　　　　　　　　　　泵

燃料在燃烧炉中燃烧产生热能，利用该热能在锅炉中产生高压
蒸汽。高压蒸汽使涡轮机产生转动，这种力又转动发电机产生
电能。

在( )中,燃料电池被定义为"与电解反应互逆,使用氢气和空气产生电能的装置"。氢气作为一种清洁燃料,不仅在燃料电池中,即使是在传统的热电装置中燃烧,也不会排放二氧化碳、硫的氧化物和黑烟等对环境有害的物质。但是由于自然界中氢气不以单质的形式存在,有必要通过人工手段生产氢气。一般来说,可以利用**改质反应**从天然气、丙烷气和煤油等化石燃料得到氢气。

通过改质反应生产氢气时会产生二氧化碳气体。举例来说,以天然气为原料生产氢气时,每产生 4mol 氢气,与其对应产生 1mol 二氧化碳。换句话说,不能因为使用的是氢气燃料,就称其为绝对清洁的发电方式。

那么,有没有绝对不排放或者几乎不排放二氧化碳的条件下,得到氢气的方法呢?

较为常见的方法是利用太阳能发电和风力发电等可再生能源进行水的电解反应。但是,如果设定燃料电池的发电效率为 40%～50%,那么经过"电→氢气→电"循环之后将会损失掉一半左右的能量。利用可再生能源生产氢气的方法中还包括使用生物质产生氢气和利用食品废弃物和污泥发酵产生甲烷,再通过改质得到氢气的方法等。除此之外,将来有可能利用高温核反应堆(原子力)制造氢气,目前该技术正在研究阶段。

根据现实的情况从制造氢氧化钠的食盐电解工业等生产工程中能够得到**副产品氢气**。食盐电解工业、石油炼制和炼铁工业过程中,能够产生大量的氢气副产品。

- 通过天然气和丙烷气体的改质反应能够得到氢气
- 目前正在研究从可再生能源和高温核反应堆中得到氢气的方法

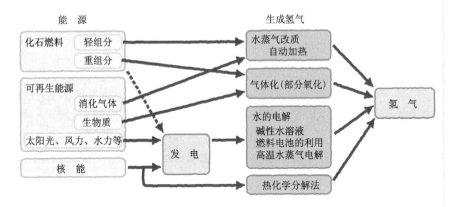

利用可再生能源和核能生产氢气时，过程中不产生二氧化碳。水蒸气改质的详细介绍（请参考　　的相关内容）。消化气体是指有机物在不接触空气的状态下发酵(厌氧发酵)生成的甲烷和二氧化碳的混合气体(请参考　　的相关内容)。

摩尔(mol)的解释

　　12g的碳单质大约由$6.022×10^{23}$个碳原子组成。用实际组成物质的粒子数表示实际物质的量时，数值往往巨大，使用较为不便。因此，与0.012kg碳单质中所含^{12}C原子数相同的原子集体被定义为1mol。从摩尔的定义可知，在标准状态(25℃、一个大气压)下，理想气体的体积为22.4L/mol。

水蒸气改质　使用催化剂的条件下，轻质碳化氢气体（甲烷等）与水蒸气发生反应生成氢气和一氧化碳的过程[$CH_4+H_2O→CO+3H_2$]和[$CH_4+2H_2O→CO_2+4H_2$]。
气体化（部分氧化）　通常在不使用催化剂的条件下，碳化氢气体与完全燃烧所需氧气的三分之一发生燃烧反应生成氢气和一氧化碳的方法。
自动加热　通过组合上述两个过程，轻质碳化氢气体与水蒸气的混合气体在少量氧气的条件下燃烧，利用燃烧产生的热量在催化剂的作用下进行水蒸气改质。

与现在使用较为广泛的热发电装置相比,燃料电池具有诸多的优点。

第一,在低温操作的条件下也能实现高发电效率。热发电装置利用燃烧热进行发电,其发电效率受到所谓的**卡诺循环效率的制约**,如果不提高发电厂的工作温度,就得不到较高的发电效率。与此不同的是,燃料电池,作为家用汽车动力源和家用电源备受期待的**固体高分子型燃料电池**,在80℃左右的相对低温下,发电效率也能超过35%。

第二,与热发电不同的是,燃料电池不受发电规模(规模)的限制。为防止热发电过程中的散热损失,必须提高发电规模才能得到较高的发电效率。但是,燃料电池作为1kW的小容量家用电源时,也能实现40%左右的发电效率。

第三个优点在于,燃料电池适用于用户身边的**发电**,能够将发电过程中放出的热能通过热电联产进行利用。使用电力和热能的**热电联产发电**的实证试验中,按热能的需求量计算时,能源的利用效率能够达到80%。

第四个优点是,尤其作为汽车动力源使用时更为有利,具有低于规定负荷时也能保持效率不降的特点。这里所说的负荷是指电灯和电动机等耗电设备的耗电能力。一般来说,热发电装置在低于定额负荷的条件下运转时,表现出发电效率大幅降低的趋势。

最后,只要通过改质过程,各种燃料都能广泛地应用于燃料电池,这也算是燃料电池的另一个优点吧。

- 燃料电池不受卡诺循环效率的限制
- 在小规模发电时,燃料电池也能保持高发电效率

图1　□□□□□□□□

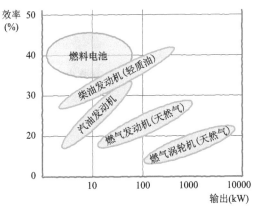

燃料电池规模较小的情况下，也能达到较高的发电效率。

图2　□□□□□□□□

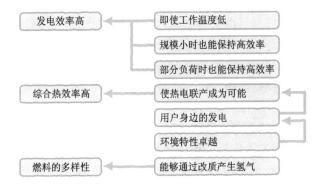

名词解释

卡诺循环效率　热发电的理论最高效率只取决于高温热源的温度（T_H）与储热水槽的温度（空气和冷却水等）T_L。卡诺循环效率的定义如下所示。

卡诺循环效率=$(T_H - T_L)/ T_H$

（温度的单位为K）

005　作为发电单位的单电池由电极、电解质、分离器和外部回路组成

人们把燃料电池的基本发电单位称为**单电池**。单电池由燃料极、空气极、电解质、分离器及外部回路构成。这就是单电池的基本构成,不论燃料电池的种类和形状,这几个要素都是燃料电池不可或缺的组成部分。下面,说明一下燃料电池中单电池的工作状态和发挥的作用。

燃料极上,作为燃料的氢气电离为氢离子和电子,电离产生的氢离子和电子分别被送往电解质和外部回路中。这种物质释放电子的反应,被称为**氧化反应**,进行氧化反应的燃料极被称为**阳极**。

电解质的作用是使氢离子顺利地通过。如果氢离子不能顺利通过,则能量损失增加,燃料电池的发电性能也将下降。一边的电子通过外部回路到达空气极,在那里与通过电解质的氢离子结合的同时空气中产生氧气,产生的氧气与氢离子和电子结合形成水分子。这种接受电子的反应被称为**还原反应**。进行还原反应的空气极被称为**阴极**。电流的方向与电子流动的方向相反,电子流动的方向被定义为从阴极向阳极流动。电路中接入机器时,电流流过该机器提供电力。由于电子和离子的流动,形成了闭合电路(　　)。

电池一般来说呈薄平板状,实际使用的燃料电池是由多个这种电池**层叠**而成的。分离器作为电池的边界,在相邻的电池之间将燃料和空气分离的同时,也承担着串联连接器的作用(关于电池的构成要素请参考　　的相关内容)。

- 释放电子的反应为氧化反应、接受电子的反应为还原反应
- 电解质是离子通行的道路

图1 氢氧燃料电池的发电原理

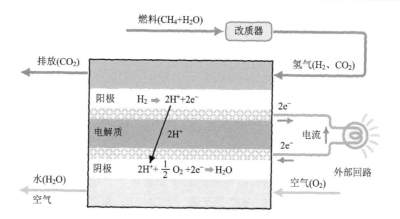

给燃料极（阳极）提供氢气、给空气极（阴极）提供氧气时，氢气和氧气进行电化学反应生成水并产生电能。上图中氢气和空气的通路相当于分离器。

图2 中心电气回路的说明

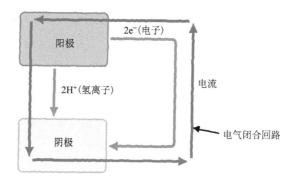

由于电子带有负电荷，氢离子带有正电荷，正离子与电子流动的方向正好相反，但也具有相同的电气特征。电流的方向与电子的流动方向正好相反。

可根据吉布斯自由能的减少量计算电池的电能与电压

（　　）中说明了电池的构造、离子和电子流动的相关内容。由一对电极和电解质构成的设备，接上外部回路，怎么能自然地产生电化学反应，并在外部回路中产生电流的呢？这是因为生成的"水"的能量低于从外部导入的反应物"氢气和空气（氧气）"的能量。

我们这里所说的能量是热力学中所定义的**吉布斯自由能**。所有的化学反应都自然地从吉布斯自由能高的状态向低的状态进行。如果要使反应向逆向进行，则必须从外部提供能量。事实表明，与燃料电池产生电能的反应相对应的逆反应是水的电解反应，如果不从外部提供电能，水的电解反应是无法进行的。

举个例子，想象一下从高山上流下的水流转动水车的风景。水必然从高处流向低处。这是因为高处的势能要比低处的势能高。假设一切损失都忽略不计，水流对水车作用的做功量（力学能）应该与伴随水流产生的势能的减少量相等。力学中的这个势能相当于电化学中的吉布斯自由能。因此，理论上，燃料电池的发电量与吉布斯自由能的减少量大小相等。在标准状态下，以氢气为燃料的情况下，燃料电池的热力学理论电压为 1.23V。燃料电池的理论电压与吉布斯自由能的减少量成正比，与反应中电极间流动的电子个数（摩尔数）成反比。

- 热力学上的吉布斯自由能相当于力学上的势能
- 燃料电池的电能相当于热力学上吉布斯自由能的减少量

图1　水力发电与燃料电池

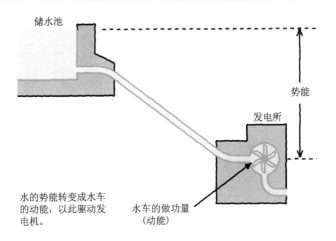

储水池

势能

发电所

水的势能转变成水车
的动能，以此驱动发
电机。

水车的做功量
（动能）

表1　水力发电与燃料电池的比较

	水力发电	燃料电池
能量源	水的势能	吉布斯自由能
一次损失	管路的阻力、水车的效率等	内部阻力、电极上的反应阻力
一次输出	水车的做功量	燃料电池的直流输出
二次损失	发电机效率	电流换向器效率
二次输出	发电机输出（交流）	电流换向器的交流输出

燃料电池的电动势是没有电流流动时的电极间电压，与图1中力学系统中水路的
高度相当。电流相当于水流，不管是电流还是水流在流动时都将产生阻力，这
时输出必将减少。

求燃料电池的发电效率时用热力学能量函数

从( )的说明得知,燃料电池的发电效率非常高。一般来说,发电机的效率可以通过发电机中投入的燃料所具有的热能(被称为发热量)与对应的发电量的比例来表示。( )中将发电量解释为"燃料电池的发电量,在理论上来等于氢气与氧气生成水的电化学反应中减少的吉布斯自由能"。氢气与氧气生成水的电化学反应吉布斯自由能的减少量等于从反应物氢气和氧气所具有的吉布斯自由能减去生成物的吉布斯自由能得到的数值。

那么,燃料的发热量到底取决于什么呢? 发热量的计算中要用一个被称为焓的热力学能量函数。所投入燃料的发热量与焓的减少量是相等的。燃料电池中燃料的发热量相当于从反应物氢气和氧气的焓减去生成物水的焓得到的数值。最后,理论发电效率可以按如下所示的式子进行计算。

$$理论发电效率 = \frac{吉布斯自由能之差}{焓之差}$$

燃料电池中,生成物是水(液体)或者水蒸气(气体)时,发电效率会有所不同。假设生成物为水的情况计算,发电效率约为 83%,这时的发电效率被称为**高位发热量基准**。假设反应在一个大气压,温度为 25℃ 的标准状态下进行,那么当温度升高的时候发电效率当然会呈现出下降的趋势。

与此相对应,假设生成物为水蒸气的情况下进行计算得到的发电效率称为**低位发热量基准**,燃料电池中,低位发热量基准约为高位发热量基准的 94% 左右,在国际标准中,经常使用低位发热量来表示。

- 燃料的发热量等于焓的减少量
- 发电效率分为高位发热量基准和低位发热量基准

焓　=　内部能量　+　压力　×　容积

系统的全部能量

内部能量	系统的力学能量
系统中所含粒子的运动能和旋转能等	系统的运动势能和高度势能等

内部能量等于系统的全部能量减去运动势能和高度势能

要点2　高位发热量与低位发热量的区别

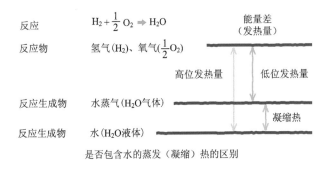

反应　　　　$H_2 + \frac{1}{2} O_2 \Rightarrow H_2O$

反应物　　　氢气(H_2)、氧气$(\frac{1}{2}O_2)$

反应生成物　水蒸气$(H_2O$气体$)$

反应生成物　水$(H_2O$液体$)$

能量差（发热量）

高位发热量　　低位发热量

凝缩热

是否包含水的蒸发（凝缩）热的区别

要点3　燃料电池的理论发电效率

$$理论发电效率 = \frac{吉布斯自由能之差}{焓之差（发热量）}$$

低位发热量基准的理论发电效率：约94%
高位发热量基准的理论发电效率：约83%

燃料电池的实际发电效率请参照（　　）

名词解释

吉布斯自由能　自由能可用如下式子表示，$\Delta G = \Delta H - T \Delta S$。也可用文字描述为，反应的自由能为反应热减去温度与熵的乘积。反应热（燃烧热）不会随温度而发生较大变化，1000℃时的自由能约为燃烧热的71%，70℃时的自由能约为燃烧热的93.5%。理论上自由能全部变成电能时的电压，即为理论电压。

电流取决于电极的反应速率

　　前面的内容中提到的水车的例子中,燃料电池电极间流动的电流,相当于单位时间流下的水量。水的做功量等于水的流速与水的供给量的乘积。当水路上有岩石等障碍物阻碍水的流动(阻力)时,水的流速会变小。

　　燃料电池中,电流的大小与电极的化学反应速率成正比。催化剂的作用能够大大加快该化学反应的速率。燃料电池中,铂金经常被当作催化剂使用。反应速率与反应物的物质量成正比,因此燃料电池的电流首先受燃料极(阳极)上提供的氢气的量与空气极(阴极)上导入的空气的量的影响中,电流从空气极向燃料极流动,但电子的流动方向正好与电流的方向相反。电流的方向与电解质中从燃料极向空气极方向流动的离子的方向相同,电子的流动与离子的流动连接起来形成一个电气闭合回路(关于闭合回路的内容请参照　　　)。

　　那么,诸如水路上的岩石,燃料电池中,降低电压阻止电流的因素都有哪些呢? 这里主要列举了三方面的原因。第一是离子通路(电解质)和电子通路(电气回路)中阻碍离子和电子流动的电阻相当于欧姆法则中的电阻,被称为**电阻极化**。第二是电解质和电极的界面上形成的离子层(边界层)上发生的**电位壁垒**(参考　　　)是阻碍电极反应进行的另一个要因,我们称其为**活化极化**。那么,第三个是**扩散极化**,这是因为离子的扩散速率较慢,抑制了电极反应的速率。

- 极化是与电流现象同时发生的电位偏离
- 极化可分为电阻极化、活化极化和扩散极化

图1

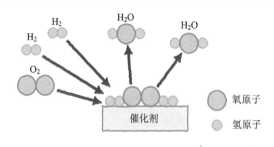

常温下，氢气和氧气并不能进行燃烧反应，但吸附在铂金表面上的氧气和氢气却能发生燃烧反应。反应前后，铂金几乎不发生任何变化，却能显著加快反应速率。人们称这种不出现在反应式中却能加快反应速率的物质为催化剂。

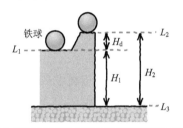

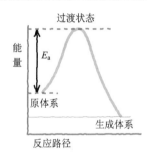

活化能的概念： L_1水平上的铁球拥有相当于H_1高度的高度势能，如果铁球下落至L_3水平上，则其部分高度势能转化为热能。但如果先将小球提高到L_2水平，高度势能就不会转化成热能。这里H_d所表示的高度势能相当于活化能。化学反应的活化能的相关说明如右图所示。

活化能（E_a） 是某个反应从原体系到达生成体系的过程中所历经的过渡状态与原体系的能量差。

增加电流时,电极间的电压下降

　　输出电压为固定值的电源的正极与负极间连接一电阻元件,变化其电阻值时,电极间的电压与电流之间的关系呈直线变化。但是,当电源为燃料电池时,电压与电流不是单纯的直线关系。

　　　以燃料电池的电流密度(通过单位面积的电流值)为横轴,电极间压力为纵轴,表现了电压与电流之间的关系。从图上可以看出,从开放电路(OCV:电阻无限大时,电流为0)状态逐渐增加电流时,电压急剧下降,这就是(　　)中第二个现象的起因。也就是说,由于电极表面产生电荷的边界层,反应速率变慢,电流流速也变得迟缓。如果要保持电流不变,则必须提高燃料极(阳极)的电压,降低空气极(阴极)的电压。这种电压的降低是根据活化极化进行,活性化分级的影响只能在电流值较小的范围内显著地显现。

　　(　　)的第一个原因中所描述的现象为我们所熟知的内部电阻引起的电压下降,与欧姆损失一样,电压与电流值相对应,直线下降。这种电阻极化在电流值的全范围内都能发生。

　　关于电极反应中离子和分子的扩散速度的限制,抑制电极反应,减少电流值,或者为了保持电流值不变,降低电压,使扩散极化在较大电流值范围内表现都较为显著,这就成为决定**边际电流**的要因。

　　产生的输出功率密度等于　　所示的矩形面积。

- 燃料电池中电压与电流的关系不是直线关系
- 活化极化的影响只在电流较小的范围内发生

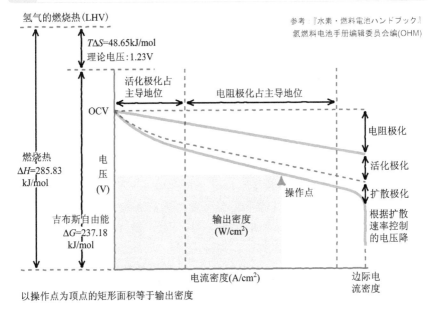

以操作点为顶点的矩形面积等于输出密度

扩散速率与边际电流密度

扩散速率

扩散是不同种类的分子混合形成的系统,以阴极气体中的某个分子为例,比如二氧化碳,则扩散是表示二氧化碳浓度分布变化的过程,比如在电极上消耗二氧化碳,那么电极附近的二氧化碳浓度就会下降,二氧化碳的扩散过程表示二氧化碳从浓度高的地方向浓度低的地方移动以达到近乎平衡状态的过程。

速率是指,对某个系统产生影响的多个要因中,某个要因起到主导作用。比如说,电极反应的速度受到温度、压力、气体组成等各种因素的影响,结果,某种气体的扩散速度最终支配反应速率的情况下,电极反应就是扩散速率。

边际电流密度

浓度差越大则扩散速度越快,比如上述电极反应中,阴极提供的二氧化碳浓度固定的情况下,当电极表面的二氧化碳浓度变成零时,扩散速度最大。由于发电反应的速度不可能高于这个扩散速度,因此这个速度就是边际电流密度。

名词集释

LHV(Low Heat Valae)　低位发热量
T　温度(K)
ΔS　熵差

OCV(Open Circuit Voltage)
开放电路电压
$\triangle G$　吉布斯自由能差

　　从前面几节的说明就能得知,电极在燃料电池中发挥着极其重要的作用。这里,我们细致观察电极反应过程的同时,说明一下电极发挥性能时的必要条件以及实现其性能所需构造的相关内容。

　　比如,像固体高分子型燃料电池那样,使用氢气的低温工作型燃料电池中,为了加快电极反应的进行,经常将铂金和铂金与钌的合金作为催化剂使用。如果导入电极的氢气中混有一氧化碳,一氧化碳气体会使催化剂中毒,使用钌催化剂的目的是将有可能混入的一氧化碳吸附在铂金催化剂表面上,防止一氧化碳使催化剂中毒。因此,没有一氧化碳的空气极上,就没有必要使用钌催化剂。

　　固体高分子型燃料电池的燃料极上,从外部提供的氢气气体分子通过与铂金催化剂接触促进氢离子与电子的分离反应,产生的氢离子和电子分别被送往电解质和电极的电子电导体上。一边的空气极上,氧气分子、氢离子与电子在铂金催化剂表面上进行反应生成水。所以,电极上形成气体(氢气与氧气)、固体(催化剂表面)、液体(电解质)的**三相界面**。电极可分为扩散层与催化剂层,扩散层中使用碳纸和织布,催化剂层由支撑白金催化剂的碳微粒、离子导电体的电解质以及拨水材混合而成。

　　使用拨水材的目的是防止水进入气体通路导致气体通路的堵塞。铂金和支撑铂金催化剂的碳微粒越微细,催化剂与气体分子接触的表面积就越大越理想,为了尽量扩大催化剂与气体分子接触的表面积,应使其直径达到极其微细的数十纳米(nm)左右。

- 总体上,以铂金作为电极催化剂,钌催化剂可作为一氧化碳的处理对策使用
- 铂金电极及支撑铂金电极的碳微粒为纳米级的细微颗粒

图1　　　　　　　　　　

燃料电池的发电反应在气体通路、电子通路
与离子通路的交点上发生

a 严格的三相界面变成一条
线，没有面积。

b 液体电解质中溶解气体时，
电极表面上形成三相界面。

三相界面

电解质
（离子导电性）

电极（电子导电性）

气体的溶解与扩散

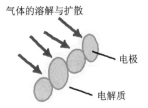

电极

电解质

图2　　　　　　　　　　

气体 ($\frac{1}{2}$ O$_2$)

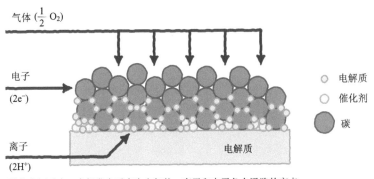

电子

(2e$^-$)

离子

(2H$^+$)

电解质

○ 电解质

○ 催化剂

● 碳

固体电解质中，电极发电反应也在气体、离子和电子各个通路的交点
上发生。

单电池的电压为 1V 左右，层叠之后就能实现高电压

（　）中说明了燃料电池基本发电单位单电池的操作和构造的相关内容。单电池输出电压低于 1V，实际中为了将其用于发电机上，有必要通过将多个电池叠层串联起来提高电压。这种用多个电池叠层串联得到的实用发电单位被称为**叠层电池**或者**电池模块**。

叠层电池与后面谈到的燃料电池的分类有所不同，但可大致分为**平板型**和**圆筒型**。现在作为家庭用燃料电池开始普及的固体高分子型燃料电池是属于平板型，但作为第二代家庭用燃料电池备受期待的高温工作**固体氧化物型燃料电池**则常常采用圆筒型。

平板型电池自身的厚度仅为数毫米，能够在水平方向和垂直方向上叠层数百枚单电池。电池的界面就是分离器，在分离器的两面有细细的刻槽，沿着这些刻槽可向各自的电极面导入氢气燃料和空气。其构造是，分离器的表面上能够流入氢气，则与其毗连的单电池中能够流入空气。

燃料电池发电的同时，也会产生热能。为了避免叠层电池的温度上升，有必要对叠层电池进行冷却，冷却水吸收的热量也可用于提供热水和供暖设备等。叠层电池的冷却方法有对流空冷方式和使用冷却剂的方式，一般采用每几个单电池插入一个冷却板的构造。

CHECK!

- 单电池的电压较低，一般实际中应用的发电单位是单电池集合体，即**叠层电池**
- 叠层电池可以分为平板型和圆筒型

图1　　电池的结构　　　　　　　　　　　　图2　　　电池的构

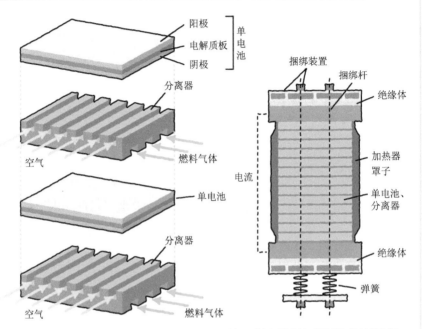

阳极
电解质板
阴极
单电池

分离器

空气
燃料气体

单电池

分离器

空气
燃料气体

捆绑装置
捆绑杆

绝缘体

加热器
罩子

电流

单电池、
分离器

绝缘体

弹簧

图中的叠层电池被称为外部歧管型叠层电池，长方体的四个侧面分别变成燃料气体以及空气的入口及出口的歧管。内部歧管型固体高分子型单电池的构成请参照（　　）。

内部歧管型固体高分子型单电池的构成请参照（　　）。

名词解释

叠层电池的概念　单电池由阳极电极、电解质板、阴极电极三个部分构成，单电池与分离器交互层叠得到的一体化设备被称为叠层电池。叠层电池中各个单电池都是串联的，因此叠层电池的电压是单个单电池电压的叠层数倍，各个电池中流动的电流大小相同。

　　燃料电池并不是只能作为叠层电池使用。实际运用中,有必要将几个组成部分组合编排组成一个系统。燃料电池主要的组成部分有燃料处理装置、发电叠层装置、电流换向器、排热回收装置和测量控制装置。

　　燃料处理装置能够将城市燃气(主要成分是天然气)、丙烷气体、煤油和甲醇等化石燃料,以及通过发酵食品废弃物和污水、污泥得到的甲烷气体(与天然气成分相同)等转化成富含氢气的燃料气体。因此,它的重要性仅次于叠层装置,是构成燃料电池核心部件的重要组件。由于燃料处理装置的存在,燃料电池系统能在非常广泛的范围内应用。在以后的内容中将详细介绍关于燃料处理装置的工作和反应的内容。

　　关于发电叠层装置的介绍,请参照(　　)的相关内容。电流换向器是把直流转变成交流的电子设备,从燃料电池输出的直流电有必要通过电流换向器转换成能在家庭和办公室等场所使用的交流电。另外,家庭用燃料电池采用与交流电力系统相连接方式。该系统不仅使燃料电池的工作配合家庭电力消费,也考虑到热能的利用,采用自身独特的运转模式,电力不足的部分由电力系统进行补充。

　　排热回收装置通过热交换器回收并储藏燃料电池排放的热能,再根据需要在必要的场所对热能进行分配的装置。家庭用排热回收系统的储热水槽中储存 60℃ 左右的温水,配合需要提供热水。最后,测量控制装置监视全系统的空气、水、热和电的流动,发挥控制作用。

- 燃料电池系统由燃料处理装置、发电叠层装置、电流换向器、排热回收装置以及测量控制装置构成

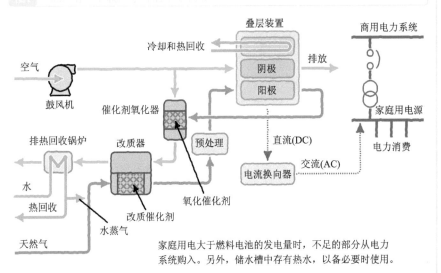

家庭用电大于燃料电池的发电量时，不足的部分从电力
系统购入。另外，储水槽中存有热水，以备必要时使用。

燃料处理装置中有使用催化剂的反应较多，比如改质反应、转移反应等，下面简要阐述催化
剂的相关概念。改质反应为吸热反应，700℃左右从外部吸收热量，700℃下，甲烷和水蒸气
的混合物并不能发生改质反应。但是，加入催化剂，反应就能进行。这是因为甲烷与水蒸气
混合物在催化剂表面上吸附，降低了反应活化能。转移反应的情况与改质反应基本相同。

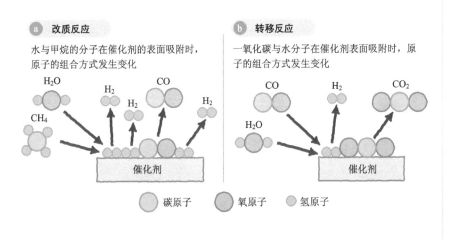

013 用化石燃料制备氢气的燃料处理装置的改质过程

　　根据（　　）中的解释，燃料处理装置可从天然气和丙烷等碳氢化合物燃料制备出燃料电池运转所必需的氢气，人们称这种反应为**改质过程**。改质方式主要有**水蒸气改质**、**部分氧化改质**以及组合这两种改质方式得到的**自动加热改质**三种。其中，使用最为广泛的是水蒸气改质，其理由是水蒸气改质能够产生更多的氢气。我们以城市燃气为原料通过水蒸气改质生成氢气的技术为代表实例，简要说明改质反应的过程。

　　城市燃气的主要成分为天然气，天然气的主要成分为甲烷（CH_4）。甲烷气体分子是由一个碳原子和四个氢原子结合而成的分子结构，被视为化石燃料中最环境友好的燃料。虽然城市燃气的主要成分是甲烷，但考虑到使用上的安全性，其中混入硫化氢气体（有机硫）作为加臭剂。添加硫化氢的燃料将对燃料电池产生非常不利的影响，硫化氢进入叠层装置，会使电极催化剂的催化性能降低，除此之外，还会向大气排放有害的硫氧化物。

　　基于上述原因，城市燃气需要经过脱硫装置进行脱硫。从脱硫装置放出的甲烷气体，与水蒸气一同进入水蒸气改质装置，甲烷气体与水蒸气在 600℃ 以上的高温下发生反应，产生氢气与一氧化碳气体。通过水蒸气改质产生的氢气无需经过任何处理就可用于燃料电池，但是一氧化碳会使铂金催化剂中毒，因此有必要通过**转移反应**过程去除一氧化碳。只有低温工作型燃料电池中才有必要去除一氧化碳。高温工作型燃料电池中，一氧化碳可以作为燃料使用。去除一氧化碳时，一氧化碳与残留的水蒸气发生转移反应，生成氢气和二氧化碳。经过上述全部过程之后，最终 1mol 甲烷气体产生 4mol 氢气和 1mol 二氧化碳。

- 改质方式主要有水蒸气改质、部分氧化改质和自动加热改质三种
- 水蒸气改质的氢气发生量较大

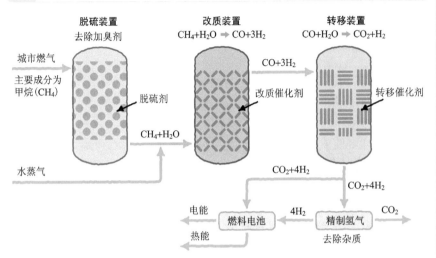

获得氢气的最普遍方法:通过对轻质炭化氢进行水蒸气改质。将改质得到的气体用于固体高分子型燃料电池和磷酸型燃料电池时,需要通过转移反应把一氧化碳转化成氢气。有些情况下,改质产生的氢气需要进行精制处理,也有一些情况下,改质气体不经过任何处理就能用于燃料电池。

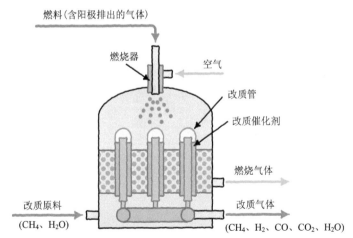

加入催化剂的管需要外围进行加热,管中流动的甲烷等气体与水蒸气发生改质反应生成氢气。

实施大规模家用燃料电池验证试验的能量财团发行了名为《我家的快乐规划》的宣传册,其中写道:"到现在为止,我们都是从电力公司买电、从煤气公司买煤气。利用家庭用燃料电池系统可在家里发电满足每天所需的电量。这种系统不仅能够满足电量的需要,还能同时提供热水。"除此之外,宣传册中关于其节约能源方面的描述是:"一年所节约的一次能源(天然气和石油等原始燃料)的量相当于 18 个 18L 装的煤油",减少的二氧化碳气体排放量相当于"约 2150m² 森林所吸收的二氧化碳量"。

大规模家用燃料电池验证试验,是在日本全国各地的家庭中安装燃料电池,通过提供生活中所需电力与热水,对燃料电池使用的优点和节能性、环境性和经济性等指标进行评价的项目。从 2002 年初到 2007 年末,项目安装燃料电池系统数目达到 2187 台,2008 年全年安装了 1120 台,共计达 3307 台之多。

大规模家用燃料电池验证试验终于获得成果,家庭用燃料电池从 2009 年开始进行商业化应用,人们称这种燃料电池系统为**能源农场**。能源农场是连接"能源"与"农场"得到的新造词语,这里的农场一词蕴含着"给地球带来丰硕的果实"之意。

目前家庭用燃料电池是工作温度为 80℃ 左右的低温工作型固体高分子燃料电池,将来有可能开发出发电效率更高的高温工作的固体氧化物型燃料电池。

- 日本从2002开始进行了家庭用燃料电池大规模验证试验
- 到2008年末为止,验证实验中运行的设备总数超过3000台

图1

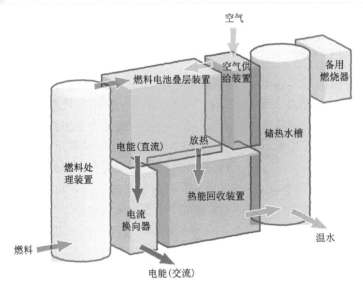

空气

空气供给装置

备用燃烧器

燃料电池叠层装置

储热水槽

燃料处理装置

电能(直流)

放热

热能回收装置

电流换向器

温水

燃料

电能(交流)

安装家庭用燃料电池的效果(PEFC1kW级)

能源节约:煤油18L×18个/年=324L/年
CO_2的减少量:相当于2150m²森林所吸收的二氧化碳量

图2

图片提供:东京燃气株式会社

世界上第一个燃料电池是威廉格鲁夫的水电解实验装置

　　燃料电池构思的起源可以追溯到 19 世纪的英国化学家戴维,但是 1839 年英国的格鲁夫勋爵进行的验证实验被认为是现代燃料电池的出发点。格鲁夫的燃料电池如　　　所示,将两个铂金线有间隔地浸入装满稀硫酸溶液的烧杯中,然后将两根铂金线(电极)分别用两个试管罩上。一个试管中装满氢气,另一个试管中充满氧气。没有连接外部电源的情况下,两根铂金线中有电流流动,这个原理是水的逆电解反应,也就是燃料电池反应。格鲁夫的公开实验证实了燃料电池是电解反应的逆反应。

　　虽然这个公开实验,让人们认识到燃料电池实现的可能性,但并没有给探索燃料电池提供社会性契机,当时,制作铂金线的材料加工技术并不十分成熟,从 1839 年发明燃料电池到 1959 年培根发表输出功率为 5kW 的试制品为止的一百多年间,燃料电池并没有实现大的发展。

　　当培根发表他的试制品之后,燃料电池在宇宙开发探索领域打开了广阔的使用空间。1965 年美国的**双子星**(GEMENI)**5 号宇宙飞船**搭载了由美国 GE 公司制造的燃料电池,那是一种固体高分子型燃料电池,电解质中使用了碳氢化合物离子交换膜。宇宙飞船中,氢气和氧气当做火箭的推进燃料使用,除此之外还要保证船内电能和热能以外的饮用水供应,燃料电池可以说是非常符合这种要求的发电机。但是,从那之后,宇宙用燃料电池中占有主流位置的并不是固体高分子型燃料电池,而是**碱型燃料电池**。

- 1839年,格鲁夫进行了燃料电池的公开实验
- 1959年,培根发表了燃料电池试制品

图1　格鲁夫的燃料电池实验

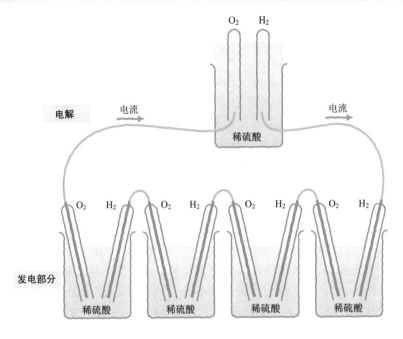

图1　燃料电池的历史

1839年	英国的格鲁夫勋爵验证了燃料电池的原理。
1959年	英国的培根试制了输出功率为5kW的碱型燃料电池。
1965年	双子星(GEMENI)5号宇宙飞船上搭载了美国的GE公司研制的固体高分子型燃料电池(PEFC)(从那以后,燃料电池在宇宙中的应用开始向碱型燃料电池转变)。

名词解释

碱型燃料电池　碱型燃料电池(AFC)在60~90℃的低温下工作,发电效率在50%~60%,价格便宜,但是其缺点是燃料气和氧化剂气体中存在二氧化碳时会使电解质变质。因此,现在只用于空间任务。详细内容请参照( )的内容。

　　双子星(GEMENI)5号宇宙飞船上搭载的燃料电池使用了大量铂金,价格较为昂贵,而且耐久性差,因此从那之后的宇宙飞船中几乎都改用了碱型燃料电池。(　　)中提到的培根的试制品是以氢氧化钾水溶液为电解质的碱型燃料电池。从那之后,日欧美等国家开展了以地面实用化应用为目标的活跃的开发活动。有记录显示,20世纪50年代,日本的大学、国立研究所以及主要的电机制造商都开始进行了燃料电池地面实用化方面的研究。

　　大型项目主要有1967年由美国燃气公司发起的**目标计划**。1976年到1987年期间进行的美国燃气研究所(GRI)的项目继承了该项目,在验证试验中使用了46座输出功率为40kW的**磷酸型燃料电池**,其中两座设置在日本,东京燃气和大阪燃气均参加了该验证实验。由日本正式独立进行的开发研究是原日本通产省于1981年开始的**月光计划**。月光计划中,进行了关于碱型燃料电池、磷酸型燃料电池、熔融碳酸盐型燃料电池、固体氧化物型燃料电池四种燃料电池的开发研究,尤其是输出功率为1000kW的磷酸型燃料电池的建设与试验操作引起了人们的广泛关注。

　　进入20世纪90年代之后,加拿大的巴拉德公司(Ballard Power Systems)采用美国道氏公司制造的氟系高分子膜(nafion)开发出了固体高分子型燃料电池。该发明在技术开发上卓有成效,使降低铂金催化剂使用量成为可能,也相对地提高了安全性,最终开发出了能够低温工作的紧凑型燃料电池,因此评价颇高。固体高分子行燃料电池发明也大大提高了人们对包含燃料电池汽车在内的燃料电池实用化的期待。

- 世界上第一个大型燃料电池项目是美国燃气公司发起的磷酸型燃料电池验证项目
- 人们对使用氟系高分子膜的固体高分子型燃料电池评价颇高

图1 燃料电池的发展历史

1839 ★	1959 ★	1981~	1992~
格鲁夫的实验	培根的输出功率为 5kW的试制品	"月光"计划 （日本）	"阳光"计划 （日本）
	1965 ★	1983~	
	美国GE公司的固体氧化物型燃料电池 （PEFC 1KW）的开发 （被搭载在双子星（GEMENI 5号上）	巴拉德公司（Ballard Power Systems） 的固体高分子型燃料电池（PEFC） 开发开始（民用）	
	1967~	1976~	
	"目标"计划（12.5kW 磷酸型燃料电池PAFC）	GRI计划 （40kW PAFC）	

| 1800 | 1850 | 1900 | 1950 | 1960 | 1970 | 1980 | 1990 | 2000 |

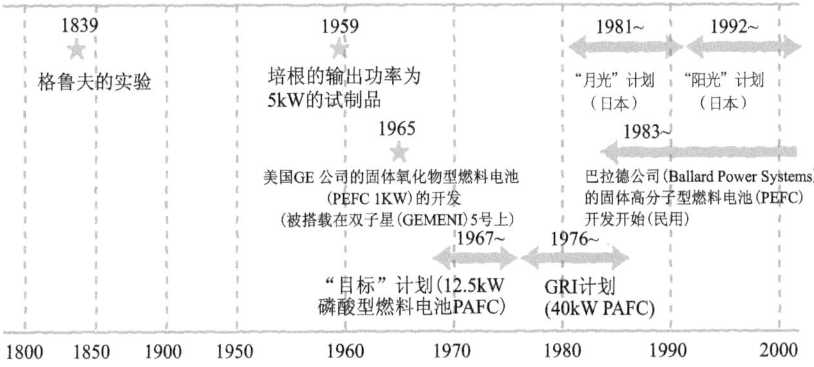

格鲁夫发明燃料电池之后，过了120年培根成功试制了5kW的燃料电池，又过了50年之后的今天，燃料电池最终进入了初步商业化应用的阶段。

图2 日本的研究项目

研究开发项目 \ 年度	1981	1982	1983	1984	1985	1986	1987	1988	1989	1990	1991	1992	1993	1994	1995	1996	1997	1998	1999	2000	2001	2002	2003以后
碱型电解质型	技术要素 数千瓦级																						
磷酸型	技术要素 200~1000kW级发电系统																						
熔融碳酸盐型	技术要素10kW级				技术要素 100kW						1000kW级发电系统						实用技术开发						
固体氧化物型			技术要素						技术要素1kW						技术要素数千瓦级			发电系统					
固体高分子型											1kW级				数十千瓦级发电系统								

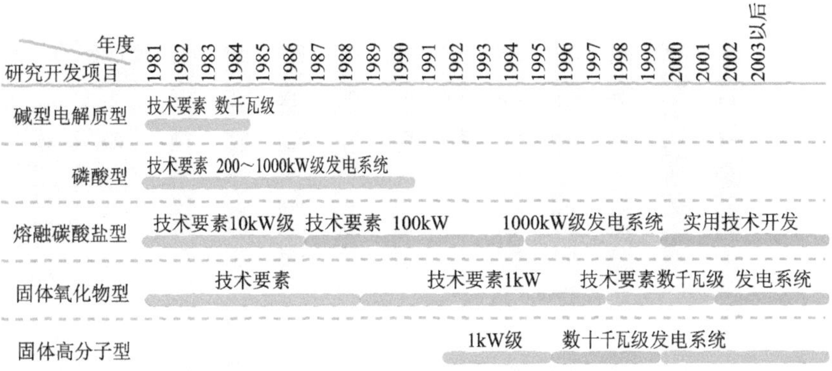

日本进行了很多研究开发活动，这些研究形成了燃料电池的技术基础。

本书中已经出现了几种不同的燃料电池名称。那么,到底有多少种类燃料电池,这些燃料电池是根据什么样的特征进行分类的呢?

现在已经实用化并且正在进行较为活跃的开发活动的燃料电池主要有六种。这种分类方法是根据电解质的种类对燃料电池进行的分类,这六种燃料电池分别为**磷酸型**、**固体高分子型**、**碱型**、**熔融碳酸盐型**、**固体氧化物型**及**甲醇直接转化型**(以下称为甲醇燃料电池)。

碱型燃料电池的电解质是氢氧化钾或者氢氧化钠水溶液等碱性水溶液,而磷酸型燃料电池的电解质是磷酸水溶液。固体高分子型燃料电池的电解质是高分子膜,熔融碳酸盐型燃料电池使用的电解质为碳酸锂、碳酸钾和碳酸钠等混合盐。固体氧化物型燃料电池,虽然这个名称本身也较为通俗易懂,但是大家更为熟悉的名称应该是**陶瓷型燃料电池**。这种燃料电池不仅在电解质上使用陶瓷,在电极材料中也使用陶瓷。陶瓷耐热性能较好,因此利用陶瓷有可能发展出工作温度非常高的燃料电池。事实上,这种燃料电池,是以 1000℃ 的工作温度为目标进行设计的。

名称由来不同的是甲醇燃料电池,这种燃料电池不是通过改质反应将甲醇转变成氢气,而是将甲醇直接导入到电池的燃料极(阳极)发生反应。

- 目前,正在进行开发的燃料电池主要有六种
- 可根据电解质的种类对燃料电池进行分类

表1　　　　　　　　

	低温型				高温型	
	磷酸型	固体高分子型	碱型	甲醇直接转化型	熔融碳酸盐型	固体氧化物型
电解质	磷酸水溶液 (H_3PO_4)	高分子膜	碱性水溶液 (KOH)	高分子膜	熔融碳酸盐等 $\left(\begin{array}{c} Li_2CO_3、\\ K_2CO_3、\\ Na_2CO_3 \end{array}\right)$	用氧化钇稳定化的氧化锆 $\left(\begin{array}{c} ZrO^{2+}\\ Y_2O_3 \end{array}\right)$
离子	H^+	H^+	OH^-	H^+	CO_3^{2-}	O^{2-}
工作温度	200℃	70~90℃	60~90℃	70~90℃	600~700℃	700~1000℃
燃料	改质气体 (H_2)	改质气体 (H_2)	氢气	甲醇	改质气体、气体化气体 $(H_2、CO)$	改质气体、气体化气体 $(H_2、CO)$
原燃料	天然气、LPG、甲醇、石脑油、煤油	天然气、LPG、甲醇、石脑油、煤油	氢气	甲醇	天然气、LPG、甲醇、石脑油、煤油、煤气化气体	天然气、LPG、甲醇、石脑油、煤油、煤气化气体
改质方式	外部	外部	不需要	不需要	外部/内部	外部/内部
氧化剂	空气	空气	氧气	空气	空气/CO_2	空气
发电效率	35%~45%	30%~40%	50%~60%	30%~40%	45%~60%	50%~65%
用途	企业用	便携式设备、家庭用、企业用、汽车用	宇宙用	便携式设备	企业用、产业用、发电用	家庭用、企业用

由于电解质的选择是最基本的问题,追求性能更加卓越电解质的同时还要考虑其实用性。当电解质发生变化时,运转温度、材料、燃料气体、氧化剂气体、热能利用系统等所有的东西都会发生改变,因此改变电解质就意味着换一套完全不同的发电设备。燃料电池中应当以电解质的选择为出发点。

高输出低价格的碱型燃料电池在宇宙开发和人造卫星中的应用

碱型燃料电池以浓度为30%～40%的氢氧化钾溶液为电解质，能够在60～90℃范围工作。磷酸型燃料电池和固体高分子型燃料电池都以氢气为燃料，但它们的电极反应和电解质中流动的离子种类有所不同。

电解质中，氢氧根离子（OH^-）从氧气极（阴极）向燃料极（阳极）方向流动，氢气和氢氧根离子在燃料极上结合，产生水和电子。氢氧根离子的流动方向与氢离子（H^+）的方向相反，那是因为氢离子带有正电荷，而氢氧根离子带有负电荷。于是，电子通过外部回路从燃料极向氧气极方向流动。从外部提供氧气、外部回路中的电子和电解质中的水在氧气极上发生反应，产生氢氧根离子。

磷酸型燃料电池与固体高分子型燃料电池相比，其最大的特点是，低温工作时不需要使用价格昂贵的贵金属铂金，即使需要，也使用少量即可。这一点能够降低燃料电池的成本。除此之外，燃料电池能够产生高电压、高电流密度，而且发电效率非常高，这也是燃料电池的魅力所在。

决定性的问题是二氧化碳（CO_2）溶解于电解质，与电解液中的氢氧化钾发生反应，在电极表面析出碳酸盐结晶，妨碍电极反应的进行。因此，必须阻止燃料和空气中的二氧化碳进入燃料电池。碱型燃料电池主要用于宇宙飞船，这是因为宇宙空间中没有二氧化碳，而且氢气和氧气也能作为火箭的推进器燃料使用。那么，以肼燃料电池（请参考　　）为例说明燃料电池的地面实用化尝试。

- 碱型燃料电池中负离子从氧气极向燃料极流动
- 碱型燃料电池对二氧化碳敏感，因此不能在地面上使用

图1　碱型离子电池的发电工作原理

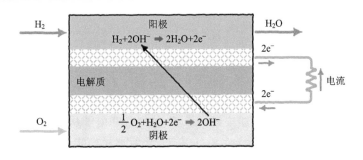

| 阳极 |
| $H_2+2OH^- \Rightarrow 2H_2O+2e^-$ |
| 电解质 |
| $\frac{1}{2} O_2+H_2O+2e^- \Rightarrow 2OH^-$ |
| 阴极 |

表1　宇宙开发用燃料电池的比较

	双子星(GEMENI)宇宙飞船	阿波罗宇宙飞船	航天飞机
类型	固体高分子型	碱型	碱型
搭载台数	2台	3台	3台
输出功率(每台)	1kW级	1kW级	10kW级
电压	23~26V	27~31V	27~32V
质量(每台)	约31kg	约110kg	约127kg
大概尺寸(每台)	约33cmϕ×66cmL	57cmϕ×112cmH	38cmW×114cmL×36cmH
工作温度	22~50℃	250℃左右	80~100℃
操作压力	1~2个大气压	3~4个大气压	~4个大气压

宇宙的特殊环境中需要使用近乎纯净的氢气和氧气。

图2　航天飞机用燃料电池

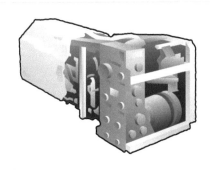

　　磷酸型燃料电池中,燃料极(阳极)上的氢气由燃料处理装置产生的改质气体供给。燃料极上的氢气分子解离成氢离子和电子,电子流入外部回路,氢离子在电解质中进行扩散,氢离子和电子从不同的路径到达空气极(阴极)。空气极上,外部空气(O_2)、氢离子和电子发生化合反应生成水分子。通过上述过程,燃料电池给外部回路提供电力。

　　磷酸型燃料电池以磷酸水溶液为电解质。磷酸可作为肥料和药剂使用,磷酸型燃料电池工作温度为200℃时磷酸呈液态,因此需要把磷酸渗透到被称为**基质**的多孔质板中保存。基质是用碳化硅粉末和特氟隆等黏结剂做成的厚度为 0.05mm 左右的薄板。

　　为便于燃料气体和空气通过,把铂金催化剂分散到电极的多孔质碳纸上。燃料电池发电的同时也会发热,为保持磷酸型燃料电池的工作温度为200℃,必须进行冷却。为避免冷却水漏电,以导电率低的纯水作为冷却水,每五个或者每十个单电池中插入一个备置冷却水管的冷却板。

　　单电池的长度从数十厘米到一米之间,厚度为数毫米,叠层电池作为实用规模的发电单位,分别在水平方向和垂直方向上层叠多个单电池组合而成。分离器和储水槽被夹在单电池与单电池之间。前面已经谈到了分离器的作用,储水槽是多孔碳,这里用于保存磷酸。反应进行时消耗磷酸,单电池内磷酸不足时,通过毛细现象给单电池提供磷酸。

- 磷酸溶液需要在基质中保存
- 把铂金催化剂分散到电极的多孔质碳纸上

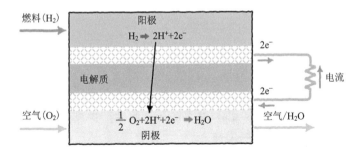

燃料(H_2) 阳极

$H_2 \rightarrow 2H^+ + 2e^-$

$2e^-$

电解质

电流

$2e^-$

空气(O_2) $\frac{1}{2}O_2 + 2H^+ + 2e^- \rightarrow H_2O$ 空气/H_2O

阴极

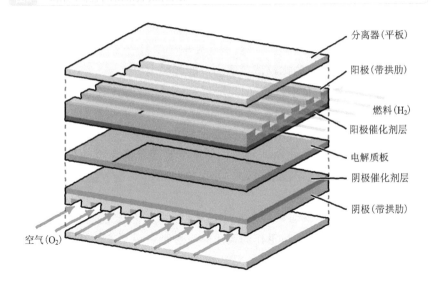

分离器(平板)

阳极(带拱肋)

燃料(H_2)

阳极催化剂层

电解质板

阴极催化剂层

阴极(带拱肋)

空气(O_2)

（　　）和（　　）中谈到了碱型燃料电池和磷酸型燃料电池在技术上的不同点,但是这里主要研究一下它们普遍的特点。碱型燃料电池、磷酸型燃料电池和固体高分子型燃料电池都在比较低的温度下工作,因此这些燃料电池称为**低温型燃料电池**。

由于熔融碳酸盐型燃料电池和固体氧化物型燃料电池,都在600～1000℃的高温区域中工作,因此被称为**高温型燃料电池**。高温型燃料电池的工作温度较高,虽然对电池、叠层装置以及其他构成系统的材料和结构的耐热性要求较高,一般来说,反应温度越高化学反应越快,分离与离子的活动也越活跃,燃料电池的性能和发电效率都会提高(低温型燃料电池和高温型燃料电池的比较请参照　　的相关内容)。

不过,它们最大的不同点在于,除碱型燃料电池之外的低温型燃料电池中,电极催化剂均使用价格昂贵的铂金。然而,高温型燃料电池中使用如镍一般常见的金属就能发挥出充分的性能。不过,碱型燃料电池的问题在于,不能在有二氧化碳的环境中使用。高温型燃料电池的另一大特点是叠层装置的排热温度非常高。如果将排出的热能收集到系统中,能够大大提高整体的性能。

比如,燃料处理装置的改质反应在600℃以上的高温下进行,高温型燃料电池能够将排出的热量作为改质热源进行利用。这样做能够提高系统的效率。更进一步,如果将高温热能用于燃气轮机与蒸汽轮机等其他的热发电装置上,与燃料电池进行组合,就能构成效率非常高的发电系统。但是,高温型燃料电池的装置较小时热损失也较大,因此,一般这种构思更适合大容量发电厂。

- 高温型燃料电池能够以镍等廉价金属为电极催化剂
- 高温型燃料电池的工作温度较高,排出的热能利用价值高

参考：『図解　燃料電池のすべて』本間琢也　監修(工业调查会)

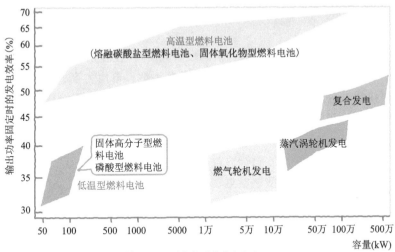

注：复合发电是燃气轮机+蒸汽涡轮机构成的发电方式

低温型燃料电池规模较小时，发电效率也能与其他大型发电设备匹敌，高温型燃料电池与其他大型发电设备相比，效率更高。

熔融碳酸盐型燃料电池的电解质为碳酸锂、碳酸钠和碳酸钾等碳酸盐的熔融状态混合物。这就是**熔融碳酸盐型燃料电池**名字的由来。熔融碳酸盐型燃料电池的工作温度为 $600\sim700℃$，在这个温度范围内熔融碳酸盐以液体形式存在，熔融碳酸盐也像磷酸那样，需要在多孔基质中保存。

碳酸根离子（CO_3^{2-}）能够通过电解质。由于碳酸根离子是带有负电荷的二价离子，也像碱型燃料电池那样从空气极（阴极）向燃料极（阳极）移动。空气极上，外部的氧气（空气）、二氧化碳和外部回路提供的电子结合生成碳酸根离子。这种燃料电池和到目前为止介绍的所有燃料电池类型的最大区别在于必须给空气极提供二氧化碳气体。

熔融碳酸盐型燃料电池一边的燃料极上，氢气和一氧化碳都能作为燃料使用。这也是低温型燃料电池所不具备的特点，对低温型燃料电池有害的一氧化碳气体，能够在熔融碳酸盐型燃料电池中作为燃料发挥作用。

燃料极上发生如下反应。以氢气为燃料时，氢气燃料与通过电解质的碳酸根离子发生反应，生成水蒸气和二氧化碳，同时在外部回路中放出电子。以一氧化碳为燃料时，一氧化碳与碳酸根离子反应生成二氧化碳。不管在哪种条件下，燃料极上都能生成二氧化碳，二氧化碳气体通过外部设置的管道送往空气极，作为空气极的输入进行利用。此外，熔融碳酸盐型燃料电池的改质反应在叠层装置的内部进行，因此这种改质方式被称为**内部改质方式**。

- 熔融碳酸盐型燃料电池中，碳酸根离子从空气极向燃料极流动
- 燃料极上，氢气和一氧化碳（CO）都能作为燃料使用

图1　熔融碳酸盐型燃料电池的发电反应原理

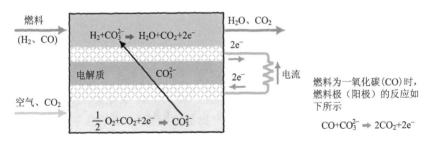

燃料为一氧化碳（CO）时，燃料极（阳极）的反应如下所示

$$CO+CO_3^{2-} \rightarrow 2CO_2+2e^-$$

图2　内部改质的概念

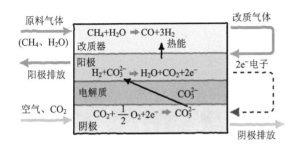

内部改质器为平板型，按数个单电池配一个内部改质器的比例，在叠层装置中编排内部改质器。单电池的发电反应产生电能的同时也产生热能，利用产生的热能进行改质反应，产生的改质气体还能满足燃料极（阳极）的燃料供给。

图3　熔融碳酸盐型燃料电池的特点

发电效率高	工作温度高达600~700℃，能够有效利用排放的热能，发电效率能够达到45%~60%。
使用燃料的多样性	一氧化碳可作为燃料使用，因此，天然气加上煤和废弃物，经过气化，可作为燃料使用。
适用于大型发电设备	单电池的功率较大，单电池进行叠层之后，很容易制造出大功率叠层电池，也有可能制造出大型发电设备。
有降低成本的倾向	单电池可由不锈钢等常见材料制成，因此，有可能制造出低成本的大型化发电设备。
环境特性突出	无论哪种类型的燃料电池都具有排放的气体无污染且噪声低的特点。
对二氧化碳进行回收	熔融碳酸盐型燃料电池中，二氧化碳通过电解质板从空气极向燃料极流动，并且能够进行浓缩。

当初，研究者们将固体氧化物型燃料电池的工作温度设定为极高的1000℃，并以此为前提进行了开发研究。由于固体氧化物型燃料电池工作温度非常高，不能使用金属，电池全身都由陶瓷（金属氧化物）构成。固体氧化物型燃料电池以**氧化锆**材料为电解质。氧化锆电解质历史悠久，1937年德国的保罗与普莱斯制造出了由85%的氧化锆和15%的氧化钇构成的电解质，这一事件被人们视为固体氧化物型燃料电池的起点。这种材料是用氧化钇稳定化的氧化锆，因此取其英文头字母，简单地标记为**YSZ**。

固体氧化物型燃料电池的电解质、电极以及连接单电池的**内部连接器**（其他类型的燃料电池中分离器发挥这种作用）等全部组件都必须由陶瓷构成。由于每个部件发挥的作用不同，材质也有所不同。把不同材质的陶瓷材料组合成构造体是高难的技术。而且，为了避免燃料气和空气泄漏，必须保证这种构造具有良好的气密性。

那么，为什么说组合陶瓷构造体非常难呢？因为，构造体中没有像液体和高分子膜一样柔软的部分，发生热膨胀时材料所受的力（被称为热应力）没有释放的余地，陶瓷非常容易发生破裂。以普通金属为例，温度上升时普通金属也会发生膨胀，金属材料通过变形释放所受的力，温度下降时力会消失，金属会恢复原来的形状，这种性质就是金属的弹性。如果不能恢复原来形状，则这种性质被称为塑性。陶瓷不具有这种弹性和塑性。

- 固体氧化物型燃料电池的工作温度以1000℃为起点
- 由于陶瓷没有弹性和塑性，避免由热应力产生的破裂是一件非常困难的事

CHECK!

图1　用氧化钇稳定化的氧化锆

参考：『燃料電池のすべて』池田宏之助 编著（日本实业出版）

固体氧化物型燃料电池

| 燃料极 | 用氧化钇稳定化的氧化锆(YSZ)
氧化锆(ZrO_2)+氧化钇(Y_2O_3) | 空气极 |

电解质

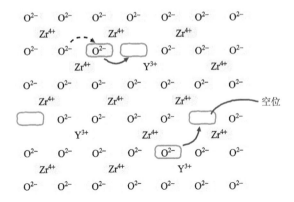

氧化锆中的锆离子和氧离子规则地排列，部分四价锆离子与三价钇离子进行置换，根据电荷平衡，以两个钇离子对应一个氧离子的比例，形成氧离子的空位，这样就能移动氧离子。

名词解释

YSZ　Yttria Stabilized Zirconia的略语。固体氧化物型燃料电池主要材料的相关内容请参考(　)。

（　　）中描述了陶瓷构造体的难点，为克服这些困难，时至今日已经提出了圆筒形等各种各样的构造提案。为了让大家理解固体氧化物型燃料电池的概念，在说明这些技术之前，简单说明一下发电工作的相关内容。

无论电池的构造和外观如何，基本上都是由燃料极（阳极）、电解质和空气极（阴极）组成，各种燃料电池都按这个顺序进行组合，在这一点上基本没有什么差别。但是，固体氧化物型燃料电池的外部不需要设置燃料改质装置，固体氧化物型燃料电池与熔融碳酸盐型燃料电池的相同点是，都是以一氧化碳（CO）作燃料使用。虽然它们都属于高温型燃料电池，固体氧化物型燃料电池与熔融碳酸盐型燃料电池最大的不同点在于，前者不需要导入二氧化碳气体。

固体氧化物型燃料电池中，氧离子（O^{2-}）在电解质中移动，由于氧离子是带有负电荷的离子（又被称为阴离子），其移动方向是从空气极向燃料极。空气中的氧气被投入到空气极中，从外部回路获得电子变成氧离子。

燃料极上，氢气作燃料时，与氧离子结合生成水，一氧化碳作燃料时，产生二氧化碳气体。无论在哪种情况下，氧离子通过燃料极上的电极反应在外部回路中释放电子，并且在外部回路中形成电流。

由于固体氧化物型燃料电池中，单电池内的温度非常高，各种化学反应都有可能发生。作为天然气主要成分的甲烷，不用预先经过改质，就能在单电池或者叠层电池中作为燃料直接导入。

- 固体氧化物型燃料电池的电解质中有氧离子移动
- 基本上，固体氧化物型燃料电池能够省去外部改质装置

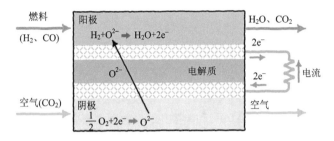

用CO作燃料气体时，燃料极的反应如下所示。
$$CO+O^{2-} \rightarrow CO_2+2e^-$$

用CO作燃料气体时，生成物仍然为CO_2，但是熔融碳酸盐型燃料电池和固体
氧化物型燃料电池中，CO不能与碳酸根离子和氧离子发生反应，而是通过
转移反应转化成氢气，并且被认为是这些氢气引起了发电反应。

型

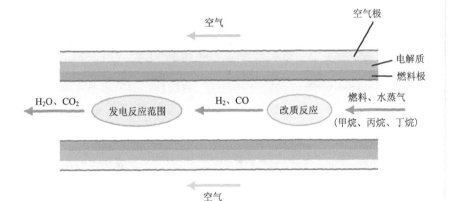

虽然理想情况下，全部改质反应都能在单电池内完成，但是大多数系统的
改质器都安装在单电池的外部。

固体氧化物型燃料电池的圆筒形构造能够保持强度,不容易损坏

进入 20 世纪 60 年代之后,威斯汀豪斯电气公司(Westinghouse)开始进行正规的固体氧化物型燃料电池开发实验,科研人员经历了多次失败,尝试了各种构造之后,终于摸索出了一种圆筒形构造。圆筒形构造具有强度高、不易破裂、气密性好等诸多优点。圆筒形构造的优点成为推动固体氧化物型燃料电池技术大步向前发展的原动力。

圆筒形可分为竖条纹和横条纹两种。圆筒竖条纹形如　　所示,一根管就是一个单电池,轴向上设置了内部连接器(相当于平板型中的分离器)。直径为 22mm、长度为 1500mm 的中空细长管中,首先发挥空气极功能的基本管采用氧化镧锰($LaMnO_3$)多孔质。基本管上面(外侧方向)形成氧化锆系电解质,而基本管的外表面上,以多孔质镍氧化锆层作燃料极。管内侧有空气流动,外侧有燃料气体流动。无论是外侧的燃料极,还是内侧的空气极,都采用多孔质,这主要是因为燃料气体和空气发生渗透,在电极催化剂上发生反应,需要将离子和电子送往电解质和内部连接器。镍和氧化镧锰系材料都能发挥催化作用。

按　　所示的布置,把多个圆筒形单电池编排到叠层装置中,这时,内部连接器负责单电池之间的电气连接。内部连接器要求能在高温下使用,且必须是电子导电体,因此材料的选择也是较难的课题。最后,科研人员们决定选择电子导电性高,化学性能稳定的氧化镧锰作内部连接器。

- 圆筒形构造使固体氧化物型燃料电池的技术得到了进一步的发展
- 圆筒形可分为竖条纹形和横条纹形

图1

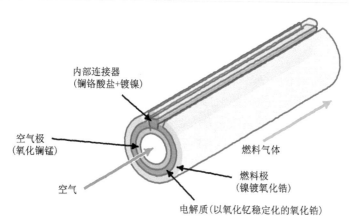

内部连接器
(镧铬酸盐+镀镍)

空气极
(氧化镧锰)

空气

电解质(以氧化钇稳定化的氧化锆)

燃料气体

燃料极
(镍镀氧化锆)

圆筒形固体氧化物型燃料电池也有横条纹形，横条纹形的相关内容请参照( )的相关内容。

图2

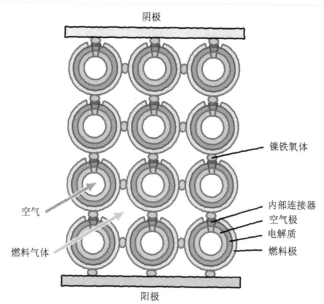

阴极

镍铁氧体

内部连接器
空气极
电解质
燃料极

空气

燃料气体

阳极

内部连接器与燃料极绝缘，与空气极连接。圆筒横条纹形单电池中，内部连接器被设置在垂直于圆筒轴的方向上。

固体高分子型燃料电池中,水的恰当管理非常重要

在前面的章节中,固体高分子型燃料电池的名字已经出现了多次,因此读者们应该对其工作的相关内容有大致了解了吧。这里,以其他燃料电池中碰不到的技术争论焦点为话题,进行研究。

固体高分子型燃料电池具有能在低温下工作、易于启动和停止、能够在短时间内启动、输出功率密度高、小型燃料电池也能完成任务等显著的优点。当然也有缺点,第一个问题是必须将燃料改质装置中改质气体所含一氧化碳(CO)浓度降低到极低水平。第二个问题是,氢离子通过固体高分子膜时常常带着水分子移动,另外,为了确保电解质膜的离子通道通畅,要求提供水,因此必须经常补充水分。话虽如此,如果水分供给过多,特别是空气极侧的水溢出时会堵塞空气通路,阻碍电极反应的进行,因此水的恰当管理是非常重要的技术课题。为此,叠层装置的前面必须配备一个加湿器。

为了防止一氧化碳(CO)降低电极催化剂的性能,铂金和铂金族的钌一起作电极催化剂。通常,一氧化碳(CO)所侵入的燃料极上,用铂金和钌的合金作催化剂。钌能够利用电解质中的水分,将包围在铂金催化剂周围的一氧化碳气体氧化成二氧化碳气体。尽管如此,考虑到燃料电池的耐久性,有必要把燃料处理装置提供的燃料气体中的CO浓度控制在极低的10ppm限度以下。为实现上述目的,一般来说需要引入**选择氧化反应**的过程。

- 通过必要的加湿,达到恰当管理的目的
- 考虑到燃料电池的耐久性,有必要将CO的浓度保持在低于10ppm的程度

图1

参考 『燃料電池のすべて』池田宏之助 編著(日本实业出版)

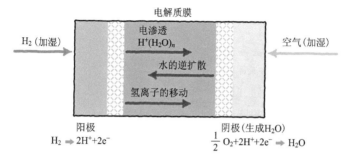

氢离子(H^+)从燃料极(阳极)向空气极(阴极)移动时，有多个水分子伴随，且通过发电反应在空气极上生成水。与此同时引起水从空气极向燃料极的逆扩散，导致空气极的水分过剩。考虑到所有这些因素，我们总结出水的管理非常重要。

图2

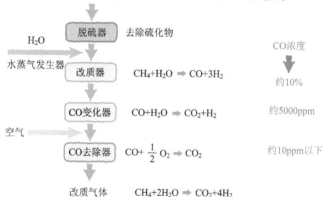

城市燃气 ($CH_4$88%、$C_2H_6$6%、$C_3H_8$3%、C_4H_{10}3%)

| 脱硫器 | 去除硫化物 |

H_2O

水蒸气发生器

| 改质器 | $CH_4+H_2O \rightarrow CO+3H_2$ |

CO浓度

约10%

| CO变化器 | $CO+H_2O \rightarrow CO_2+H_2$ |

约5000ppm

空气

| CO去除器 | $CO+\frac{1}{2}O_2 \rightarrow CO_2$ |

约10ppm以下

改质气体　$CH_4+2H_2O \rightarrow CO_2+4H_2$

甲醇燃料电池中甲醇可直接发生反应，可用于便携式设备电源

甲醇燃料电池是无需对甲醇进行改质，通过直接给阳极提供甲醇水溶液，就能产生氢离子和电子的燃料电池，其空气极上的反应与固体高分子型燃料电池基本相同。以常温工作为前提，甲醇燃料电池也使用与固体高分子型燃料电池相同的高分子膜电解质。甲醇燃料电池最大的特点是不需要设置燃料处理装置，能使系统更加小型化。甲醇燃料电池设想的用途是笔记本电脑和手机等便携式设备的电源。

甲醇燃料电池可在沙漠地带和偏远地区作为具有军事用途的有效电源使用。目前正在海外进行实用化研究。为便于携带，甲醇燃料被保管在小型的弹药筒中。

虽然从热力学理论计算得到的发电效率高达 96.7％，但现实中相对电流的电压下降很大，而且发生甲醇与水挤过电解质膜的现象（**甲醇渗透现象**），因此测出的发电输出功率和效率比固体高分子型燃料电池低。

总的来说，燃料电池以环境友好的发电设备为卖点，与此相对应，可用于便携式设备电源的甲醇燃料电池的主要卖点是其便利性。

甲醇燃料电池实用化中的焦点问题是确保安全性。考虑安全性，主要是因为甲醇易挥发、易燃、且有毒性。如果家中安装这种装满甲醇的弹药筒，又碰巧被婴儿或者小孩装入玩偶中舔食，那将是非常危险的事情。

- 甲醇燃料电池中不需要设置改质过程
- 甲醇渗透现象使发电输出功率下降

图1　甲醇燃料电池的发电反应机理

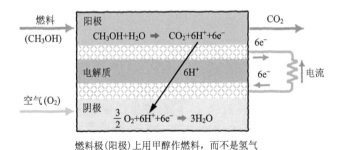

燃料极(阳极)上用甲醇作燃料，而不是氢气

图2　使用燃料电池的电子产品?

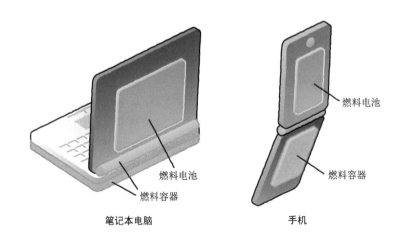

笔记本电脑　　　　　手机

这种燃料电池与充电电池的不同之处在于，更换燃料筒就能继续提供电能

肼燃料电池历史悠久,最近由于其零碳排放引起人们的关注

到现在为止,我们一共介绍了六种燃料电池,它们之中有的已经实用化,有的正在进行实用化方面的研究,期待在不久的将来实现实用化。除了这六种燃料电池之外,过去,人们也提出或试制过很多种类的燃料电池,或者一些燃料电池目前正处于基础研究阶段。**肼燃料电池**便是其中的一种。

肼燃料电池以肼(N_2H_4)作燃料,因此被称为肼燃料电池,按工作原理分类属于碱型燃料电池。肼燃料电池的开发历史比较悠久,可追溯到20世纪60年代。目前仅存的关于肼燃料电池的记录有,1967年美国陆军研制了输出功率为20kW的肼燃料电池,1972年大阪工业研究所(现在的产业技术综合研究所关西中心)试制了输出功率为5.2kW的燃料电池用作卡车的动力源。

但从那之后,肼燃料电池的开发活动就此停止,因为研究发现肼对人体有毒,而且具有挥发性,但最近由于肼的零碳排放和不用铂金作阳极催化剂等诸多优点,再次引起了人们的关注。

如上所述,肼燃料电池属于碱型燃料电池,电解质中使用多孔质基质中保存的氢氧化钾溶液和离子交换膜。氢氧根离子从阴极向阳极方向流动,阳极上,肼与氢氧根离子发生反应生成氮气和水的同时释放电子。阴极上,氧气、水和电子结合产生的氢氧根离子被送往电解质。

最近的研究报告称,使用阴离子交换膜能得到较良好的输出特性,产业技术综合研究所和日本大发汽车公司已经宣布成功试制了用于汽车的阴离子交换膜肼燃料电池。

- 肼燃料电池以高毒性的肼作燃料
- 肼燃料电池属于碱型燃料电池

图1 肼燃料电池的正负电极反应原理

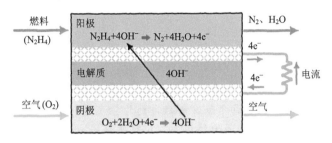

$$N_2H_4 + 4OH^- \rightarrow N_2 + 4H_2O + 4e^-$$

燃料 (N₂H₄) 阳极 → N₂、H₂O

电解质 4OH⁻ 4e⁻ 电流 4e⁻

空气(O₂) 阴极 → 空气

$$O_2 + 2H_2O + 4e^- \rightarrow 4OH^-$$

肼燃料电池是碱型燃料电池的一种。以高毒性的肼作燃料，直接供给燃料极(阳极)

图2 燃料电池原版燃料电池日本汽车关系同业实际技术可实现的固体化

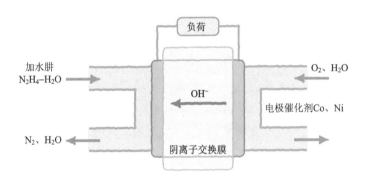

负荷

加水肼 N₂H₄-H₂O → OH⁻ ← O₂、H₂O

电极催化剂Co、Ni

N₂、H₂O ← 阴离子交换膜

燃料槽内，用聚合物将加水肼固体化

原来，肼燃料电池是碱型燃料电池的一种啊！

燃料电池单电池的工作

单电池是燃料电池的基本单位。叠层燃料电池是燃料电池的实用单位,是把多个单电池叠加串联在一起得到的独立发电单位。

单电池的构造如下。燃料极和空气极面对面,中间夹着电解质,两电极被接入外部回路中,分别给燃料极和空气极提供氢气和氧气。电解质为离子的通路,外部回路是电子的通路。作为单电池边界的分离器发挥着隔离氢气和空气的作用,与此同时,分离器上的刻槽可作为提供氢气和氧气的通路。

再谈谈燃料电池是如何工作的。送到燃料极的氢气在燃料极上放出电子(氧化反应),氢气变成氢离子。这种发生氧化反应的电极称为阳极,因此燃料极是阳极。然后,电子通过外部回路到达空气极,而氢离子通过电子电解质到达空气极,通过各自的路径到达空气极的氢离子和电子,与外部导入的氧气发生反应生成水。该反应是接受电子的还原反应,这种发生还原反应的电极称为阴极,空气极是阴极。反应相关的物质之间发生电荷的移动反应称为氧化还原反应,氧化还原反应是燃料电池工作的基础。用化学式表示,则

阳极(燃料极):$H_2 \rightarrow 2H^+ + 2e^-$

阴极(空气极):$\frac{1}{2}O_2 + 2H^+ + 2e^- \rightarrow H_2O$

氢气在天然界中不以单质形式存在,可通过天然气(主要成分为甲烷)和丙烷等的"改质反应"得到。

第2章

燃料电池与充电电池的
不同之处

燃料电池与充电电池（蓄电池）虽然都带有电池
二字，燃料电池是发电设备，而充电电池却是储存电
能的装置。燃料电池与充电电池的共同点是以氧化还
原反应为基础。本章主要说明充电电池。

　　燃料电池与充电电池(蓄电池)的不同之处是什么呢？基本功能方面的不同点在于,燃料电池是把燃料的化学能转化为电能的发电装置(设备),而充电电池是大家熟悉的储存电能的设备。充电电池放电时,也能像燃料电池那样,给外部提供电能,而充电时,把外部电源提供的电能转化为化学能保存在电池内。那么,燃料电池与充电电池的共同点在于,能量转化过程都以电化学反应中的氧化还原反应为基础。

　　单电池是转化能量的基本单位,无论是燃料电池单电池还是充电电池**单电池**,都由一对电极、电解质和外部回路组成。燃料电池的反应只向一个方向进行,外部回路中电子从燃料极向空气极(氧气极)的方向移动(电流的方向是从空气极向燃料极)。充电电池放电时,电子从负极(相当于燃料电池的燃料极)向正极(相当于燃料电池的空气极)方向移动(电流的方向是从正极向负极),充电时方向正好相反,电子从正极向负极的方向流动(电流是从负极向正极)。充电电池的电极称为正极和负极,放电时负极放出电子发生氧化反应,正极吸收电子发生还原反应,充电时与此相反,负极发生还原反应,正极发生氧化反应。

　　那么,以化学能的形式储存电能的物质在哪里呢？这种构成电极的物质称为活性物质,正极上有正极活性物质(氧化剂),负极上有负极活性物质(还原剂),正是这些活性物质进行氧化还原反应。

- 充电电池以化学能的形式储存电能
- 储存电能的物质称为活性物质, 它们存在于电极中

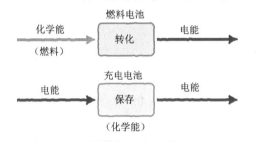

充电电池以化学能的
形式储存电能，充电
电池中化学能与电能
的转化过程与燃料电
池相同。

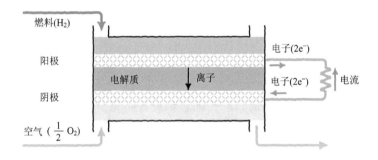

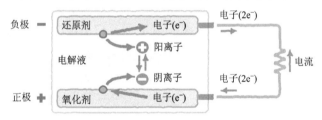

电池放电时，还原剂放出电子，通过外部回路把放出的电子提供给氧化剂。
这时，氧化剂和还原剂发生物质上的变化，同时电解液中有离子移动。但
不是像上图那样，同时生成阳离子和阴离子。电池种类不同，反应过程也
有所不同。充电电池电池通过放电过程产生生成物。换句话说，充电电池
通过还原剂和氧化剂发生变化的过程产生电流，但不能是永久地持续放电。
此外，充电时的反应与放电时的反应方向相反。

阳离子、阴离子　像H^+一样带正电荷的离子叫阳离子。像OH^-一样带负电荷的离子
叫阴离子。

充电电池的负极由还原剂（负极活性物质）构成，而正极由氧化剂（正极活性物质）构成。那么，这个还原剂和氧化剂是什么样的物质呢？举个例子，铁生锈是因为铁被空气中的氧气氧化所致。这种情况下，铁是还原剂，氧气是氧化剂。这不是以能量的变化为目的的现象实例，但是煤和石油等的燃烧反应中也能定义还原剂和氧化剂。

一般在空气中提高石油等碳氢化合物燃料的温度（点火）时，石油会发生燃烧并产生热能，同时生成二氧化碳和水蒸气。这种情况下，石油是还原剂，空气（氧气）是氧化剂，作为还原剂的石油被空气中的氧气（氧化剂）氧化，作为氧化剂的氧气被作为还原剂的碳氢化合物还原，反应过程中产生热能的同时也生成二氧化碳和水等氧化还原产物。点火时，石油自然地进行氧化反应（燃烧），是因为燃烧反应中反应物体系（石油与空气）的势能（焓）高于生成物体系（二氧化碳和水蒸气）的势能，化学反应当然从焓高的状态向焓低的状态进行。

理论上，燃烧反应（氧化）的势能（焓）减少量等于向外部释放的热能。这是化学能向热能转化的反应实例，电化学反应中，放出电子的氧化反应与接受电子的还原反应成对发生，电子与离子在两个电极间进行交换，将化学能转化成电能。

- 燃烧反应中燃料是还原剂，氧气是氧化剂
- 充电电池中活性物质构成电极

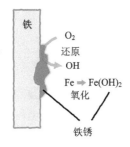

参考 :『二次電池Q&A』小久见善八、西尾晃治 著(OHM社)

铁:还原剂
氧气:氧化剂

铁生锈的过程中,铁(还原剂)被氧化,氧气(氧化剂)被还原,充电电池通过这种氧化和还原反应产生电能。

燃料与空气直接混合发生反应,在此过程中产生热能。

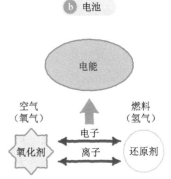

不用直接混合氧化剂与还原剂,通过离子和电子使物质发生变化,在这个过程中产生电能。

不用直接混合燃料气体和空气,通过发生氧化反应,就能得到电能。

在这里，我们研究充电电池的放电(发电)过程。

把作为负极活物质的还原剂(相当于燃料电池的燃料)和作为正极活物质的氧化剂(相当于燃料电池的氧气)放入电池的电解质中。一般情况下，以电解质水溶液(电解液)作电解质，现实中还有有机电解液(把盐溶于有机溶剂得到的电解液)、聚合物电解质和固体电解质等。不管是哪一种电解质，都能发挥燃料电池电解质的作用。但是这些电解质最大的不同点在于，电解质不仅发挥离子通路的作用，电解质还能溶解活性物质，并且参与电极活性物质的反应。

电解液中溶解活性物质时，正极和负极通过电解液发生联系，负极活性物质与正极活性物质就能直接发生反应，白白浪费产生的能量。由于正极的电位比负极高，负极与正极发生短路时，电能就会消失。为避免类似现象的发生，电解液中设置了分隔负极和正极的隔膜(分离器)。这种只有离子能够通过的**隔膜(分离器)**起到防止电子流动引起的短路和电解液混合的作用。

叠层燃料电池的分离器能够防止毗连的单电池间燃料气体和空气的混合，同时也起到电气连接单电池的作用。充电电池的分离器发挥的作用类似于燃料电池中电解质膜的作用。

概念性的说明就此告一段落，从下节开始讨论电池的相关内容，包括工作原理以及充电电池的反应等内容。

- 分离器能够防止电极间发生短路
- 只有离子才能通过分离器

参考：『二次電池Q&A』小久見善八、西尾晃治 著(OHM社)

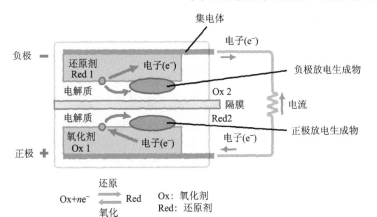

还原剂在外部回路中释放电子生成第二个氧化剂，氧化剂从外部回路接受电子生成第二个还原剂。这时，外部回路中产生电流。

	充电电池	燃料电池
电极	负极 正极	燃料极（阳极） 空气极（阴极）
反应物质	还原剂（负极活性物质） 氧化剂（正极活性物质）	燃料气体(H_2) 空气(O_2)
防止反应物混合的方法	隔膜	分离器
反应物质的供给方法	电池内部装有反应物质	由外部供给
反应生成物	放电生成物（电池内蓄积）	H_2O（排放到电池外）

隔膜　防止电极间短路的隔离装置，只有离子才能通过。

据说,世界上出现的第一个电池是公元前 3 世纪制造的巴格达电池
(　　)。相传,该电池在伊拉克首都巴格达近郊被发现,因此被称为**巴格达电池**。从那之后,电学研究史上的著名先驱意大利人伏特(亚历山德罗·伏特,1745～1827 年)发明了能用作恒流电源的电池(**伏特电堆**)。

当年,伏特探索卡尔瓦尼的青蛙实验中所明确的"动物电"时,发现了连接不同的金属能够产生电流的事实,并且伏特以这个见解为基础,于1800 年发明了原电池。日常生活中,使用于电器的电压单位伏特(V)是以伏特的名字命名的。

英国人丹尼尔(约翰·丹尼尔,1790～1845 年)于 1836 年发明了**丹尼尔电池**。丹尼尔电池是以锌为负极(还原剂)活性物质,铜离子为正极(氧化剂)活性物质的电池。锌负电极和铜正电极分别浸泡在硫酸锌溶液和硫酸铜溶液中。为防止发生混合现象,两种溶液之间设置了隔膜(　　)。

负极上,锌被氧化成锌离子,同时在外部回路中释放电子。而正极上,铜离子从外部回路得到电子,变成金属铜。丹尼尔电池中存在的问题是离子在电解液中的流动。如果铜离子通过隔膜到达负极,锌就能与铜离子直接发生反应,锌的表面上会析出金属铜,也就是说,锌电极就会镀上铜。当负极表面全部被铜金属覆盖时,负极反应就会停止,这时电池的工作也会停止。

- 1836年,丹尼尔发明了丹尼尔电池
- 丹尼尔电池是以锌为负电极,铜离子为正电极的电池

参考：『二次電池Q&A』小久见善八、西尾晃治 著(OHM社)

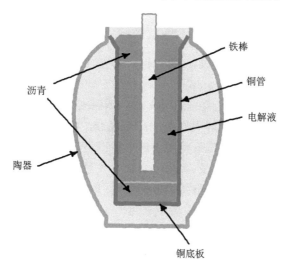

铁棒

铜管

电解液

沥青

陶器

铜底板

参考 ：『二次電池Q&A』小久见善八、西尾晃治 著(OHM社)

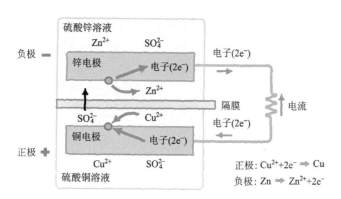

硫酸锌溶液

Zn^{2+} SO_4^{2-}

负极 ➖

锌电极   电子($2e^-$)

Zn^{2+}

电子($2e^-$)

SO_4^{2-} Cu^{2+} 隔膜   电流

铜电极   电子($2e^-$)   电子($2e^-$)

正极 ➕ Cu^{2+} SO_4^{2-}

硫酸铜溶液

正极：$Cu^{2+} + 2e^- \Rightarrow Cu$

负极：$Zn \Rightarrow Zn^{2+} + 2e^-$

理想的情况下，我们希望只有硫酸根离子能够通过隔膜，但是目前尚不存在满足这种需求的隔膜。因此，到现在为止使用的隔膜都不是理想的隔膜。

　　铅蓄电池是以铅为负极,二氧化铅为正极,以稀硫酸为电解液的充电电池。法国人普朗泰(Gaston Planté,1834～1889 年)于 1859 年发明了铅蓄电池。铅蓄电池的电动势高达 2.1V,具有输出功率密度高,以铅为原料成本低廉,水溶液电解质安全性高等优点。由于铅蓄电池的诸多优点,如今铅蓄电池正在被广泛地用于汽车和工业。

　　铅蓄电池的放电反应是,负极上负极活性物质铅与稀硫酸中的硫酸根离子(SO_4^{2-})反应生成硫酸铅($PbSO_4$),同时释放电子。也就是说,作为还原剂的铅被氧化剂硫酸根离子氧化。一方面,正极活性物质二氧化铅被电解液中的氢离子、硫酸根离子和外部回路中的电子还原生成硫酸铅和水。这里,稀硫酸电解液电离为氢离子和硫酸根离子(　　)。

　　将负极反应与正极反应相加,就能得到铅蓄电池的总反应。铅蓄电池的总反应过程是,铅、二氧化铅与电解液稀硫酸反应生成硫酸铅和水。总之,随着放电反应的进行,反应生成的水逐渐稀释稀硫酸电解液。

　　水中插入一对电极并施加电压时,水被电解产生氢气和氧气。铅蓄电池的电动势为 2.1V,理论上,水在 1.23V 的电压下就能发生电解,因此铅蓄电池的水溶液中也一定发生水的电解反应,事实上,由于铅和二氧化铅的分解速度较慢,铅蓄电池的电压几乎不会降低。但是铅蓄电池放置较长时间时,会发生自我放电,其蓄电容量也会减小。

- 铅蓄电池电动势高,输出功率密度也高
- 铅蓄电池长时间放置时,会发生自我放电

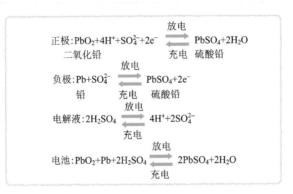

参考：『電気化学』小久見善八 著（オーム社）

下图表示负极放电反应的详细过程，虽然看起来与上面的反应式有所不同，但如下图反应式所示，把两个反应式的两边相加之后消去共同项，就可得知其总反应完全相同。

● 放电反应

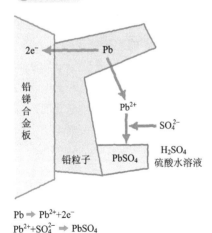

$Pb \Rightarrow Pb^{2+}+2e^-$
$Pb^{2+}+SO_4^{2-} \Rightarrow PbSO_4$
$\overline{Pb+SO_4^{2-} \Rightarrow PbSO_4+2e^-}$ (总反应)

● 充电反应

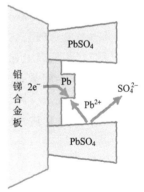

$PbSO_4 \Rightarrow Pb^{2+}+SO_4^{2-}$
$Pb^{2+}+2e^- \Rightarrow Pb$
$\overline{PbSO_4+2e^- \Rightarrow Pb+SO_4^{2-}}$ (总反应)

（　　）中研究了铅蓄电池的放电现象，充电反应的方向与放电反应完全相反。基本上，可将充电过程理解为，把放电后的活性物质通过电解反应变回原来物质的过程，具体以铅蓄电池的充电过程为例，则意味着铅蓄电池的正极上发生氧化反应，负极上发生还原反应，把正极和负极上的放电生成物硫酸铅分别变回二氧化铅和铅的过程。但经过长时间放置或者重复多次充放电时，生成的硫酸铅基本上几乎不能变回二氧化铅和铅，这就表明电池的性能已经老化。

　　现在已经实用化并广泛普及的充电电池除了铅蓄电池，还有镍镉电池、镍氢电池和锂离子电池等。这些充电电池都有各自独特的特性，都在各自特定的领域发挥着作用。

　　比如，现在的汽油汽车中，用于发动机点火的电池主要使用铅蓄电池，那是因为铅蓄电池输出功率密度高，价格便宜又安全，正好能与发动机点火的要求契合。当汽车遇到故障或由于燃料不足等原因发动机熄火时，铅蓄电池也能通过它的高功率移动车体或者能够避开逼近的危险。

　　但是，同样的汽车变成电动汽车时，要求一次的充电量尽量跑更远的距离，因此这种情况下，能量密度高、电池记忆效果好的锂离子电池占据主流地位。更确切地说，这种具有卓越性能的锂离子电池的出现能够大大加快电动汽车的实用化进程。

- 充电时，正极进行氧化反应，负极进行还原反应
- 锂离子电池的出现能够推进电动汽车的实用化进程

发明者	发明年份	发明或者发现
加尔瓦尼(L.Galvani)	1798	电化学现象
伏特(A.Volta)	1800	世界上第一个电池
法拉第(M.Faraday)	1834	电化学定量法则
格鲁夫(W.R.Grove)	1839	燃料电池
Sinsteden(N.J.Sinstederi)	1854	铅蓄电池的原理
普朗泰(G.Plante)	1859	铅蓄电池的实用化
勒克朗谢(G.Leclanche)	1868	勒克朗谢电池(锌二氧化锰电池)
米恰洛夫斯基(T.de Michalowski)	1899	镍锌电池
琼格纳(W.Jungner)	1901	琼格纳电池(镉镍电池)
琼格纳(W.Jungner)	1901	镍离子电池
爱迪生(T.A.Edison)	1901	镍离子电池
C. 费里(C.Fery)	1907	锌空气电池
三洋电机	1990	镍金属氢化物电池
索尼	1991	锂离子电池

除上表记载之外，还有很多人对电池的开发做出了巨大贡献。

参考：『NEDO関西産業技術フォーラム』小久見善八 著

电池的种类	年份	现状(W·h/kg)	理论值	现状(W·h/L)	理论值
铅蓄电池 (Pb/PbO$_2$)	1859	30~50	161	50~100	720
镉镍电池 (Cd/NiOOH)	1899	65(31%)	209	210(28%)	751
镍氢电池 (LaNi$_5$H$_6$/NiOOH)	1990	90(33%)	275	340(30%)	1134
锂离子电池 (LiC$_6$/LiCoO$_2$)	1991	197(50%)	395	555(38%)	1470

　为表示充电电池(以下简称为电池)的特性与性能,用燃料电池和其他电器中没有的独特指标进行定义。这些独特的指标是能量密度、充放电效率、充电状态、放电深度、循环寿命和自我放电率等。

　能量密度是单位重量或单位体积的电池所储存的电容量。随着手机、笔记本电脑等便携式电器的普及和电动汽车的开发,能量密度是现在最受关注的指标之一(随后详述)。

　充电状态表示充电状态的电量占完全充好电状态(充满电)电量的百分比的指标,单位用百分比(％)表示。放电深度表示电池使用过程中,电池放出的容量占其额定容量(充满电时电池中储存的电能,单位为 W·h)的百分比的指标,单位与充电状态相同,也是用百分比(％)表示。

　燃料电池中备受重视的指标是发电效率,充电电池有此重量的性能指标可以说是充放电效率。充放电效率被定义为充电时需要的电能(单位为 W·h)与放电时能够取得的电能的量之比。

　循环寿命表示电池能够反复进行多少次充放电过程的指标,通常表示电容量达到初期条件(循环)电容量的 60％ 到 70％ 的充放电循环次数。

　但是,电池的实际寿命根据其使用方法,即反复充放电时的充电状态和放电深度有所不同。这是由于电池的充放电过程中,活性物质不能完全变回原来的物质而发生的现象。即使电池不接入外部回路中放电,由于自我放电,电池的电容量也会逐渐减少,在一段时间内通过自我放电,电容量消失的比例被称为自我放电率(单位为％/月和％/年)。

- 现在更受重视的指标是能量密度
- 充放电效率相当于燃料电池的发电效率

参考：『二次電池Q＆A』小久见善八、西尾晃治 著(OHM社)

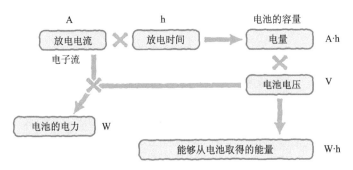

术语	要点	单位
能量密度	电池能够储蓄的电容量	$W \cdot h/kg, W \cdot h/L$
放电效率	放电时可能释放的电量/充电时需要的电量	%
充电状态	充电状态/充满电的状态	%
放电深度	到现在为止的放电量/定额容量	%
循环寿命	可能的充放电循环数[注]	回
自我放电率	开回路时的放电量	%/月,%/年

注：充电容量达到初期条件的60%到70%为止的充放电次数

电池最重要的指标是能量密度呀！

充电电池中有一个被称为理论能量密度的指标。能够从正负极的活性物质充放电反应式计算出**理论能量密度**。理论能量密度是推算现实能量密度的目标数值。这里以镍镉电池为例,计算一下它的理论能量密度。

镍镉电池的负极活性物质为镉(Cd),以羟基氧化镍(NiOOH)为正极活性物质,电解质用氢氧化钾(KOH)那样的碱性水溶液。发生放电反应时,负极上镉与电解液反应生成氢氧化镉(Cd(OH)$_2$),反应过程中释放出两个(2mol)电子。

而正极上,羟基氧化镍与水反应生成氢氧化镍(Ni(OH)$_2$),该还原反应进行过程中得到一个电子(1mol),因此为了使正负极间得失电子数相同,必须将正极的反应乘以 2。最后得到的总反应式为 2mol 的羟基氧化镍、1mol 的镉以及 2mol 的水反应生成 2mol 的氢氧化镍和氢氧化镉。反应过程中,有 2F 的电荷从正极向负极移动。F 被称为**法拉第常数**,表示 1mol 电子所带电荷(单位是 C/mol;库仑/摩尔)(请参照　　)。

一方面,一摩尔活性物质的重量等于反应生成物原子量的总和,另一方面,放电时电池向外部释放的电能等于电极间移动的电荷量 2F 与电池电动势1.32V的乘积,计算两者之比就能得出理论能量密度。

- 能够从活性物质的量计算理论能量密度
- 法拉第常数F表示1摩尔电子所带电荷量

参考：『電気化学』小久见善八 著(OHM社)

$$\boxed{\begin{array}{c}\text{理论能量密度}\\(W\cdot h/kg和W\cdot h/L)\end{array}} = \boxed{\begin{array}{c}\text{电动势}\\(V)\end{array}} \times \boxed{\begin{array}{c}\text{电极的单位重量或单位体积的放电容量}\\(A\cdot h/kg和A\cdot h/L)\end{array}}$$

期望得到产生高电动势的正极和负极的组合。

期望得到重量轻、体积小、每单位反应电子数多的活性物质。

参考：『二次電池Q&A』小久见善八、西尾晃治 著(OHM社)

镍镉电池的反应

正极：$NiOOH+H_2O+e^- \Rightarrow Ni(OH)_2+OH^-$

负极：$Cd+2OH^- \Rightarrow Cd(OH)_2+2e^-$

电池：$2NiOOH+Cd+2H_2O \Rightarrow 2Ni(OH)_2+Cd(OH)_2$

理论能量密度的计算

放电生成物的式量(分子量的总和)=0.332kg

$(2Ni(OH)_2+Cd(OH)_2)$

电动势=1.32V　F=9.6485×10^4C/mol　$1A\cdot h$=3600C

放电电能=$1.32\times2F/3600$=70.75W·h

理论能量密度=70.75/0.332=213W·h/kg

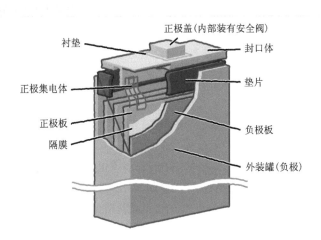

正极盖(内部装有安全阀)

衬垫

封口体

正极集电体

垫片

正极板

负极板

隔膜

外装罐(负极)

（　）介绍了理论密度的计算方法，可以说，理论能量密度仅仅是个目标。现实中，电池（实际应用的电池）通过放电反应释放的能量（能量密度）要远低于理论能量密度。其理由有三。　　放电电压低于电动势（开路电压）。具体来说，电极、集电体、电解液的内部存在阻力。除此之外，还有随后要说明的**活化极化**对电压下降的影响。　　现实中的电池往往含有活性物质以外的电池盒和黏结剂、电解液、集电体等零部件和附属品，这些东西会增加电池的重量和体积，因此会降低电池的能量密度。

由于活性物质与集电体和电解液不能充分接触导致有一部分活性物质不能被放电反应所利用。由于上述原因，现实中电池的能量密度通常要小于理论能量密度的一半。

这里，我们简单了解一下活性化分极的相关内容。我们已经在第一章接触到活性化分极的概念，在这里，我们以丹尼尔电池正极上的铜离子的放电反应（带电体失去电荷的反应）为例，说明活性化分极现象。

电解液中的铜离子到达电极间的界面（**外部亥姆霍兹面**），铜离子在丹尼尔电池的正极上接受电子变成金属铜。这个过程被称为**电荷移动过程**。但是，为了使铜离子的放电反应顺利进行，需要超越电极表面形成的电位壁垒，即能垒。这个壁垒的高度就是活化能。电子超越电位壁垒从电极向铜离子移动时也需要能量，因此会导致正极的电位下降。由这种现象引起的电压下降被称为"活性化分极引起的过电压"（活性化分极的相关内容请参照（　））。

- 理论能量密度是现实中电池能量密度的目标
- 现实中电池的能量密度低于理论能量密度值的一半

参考 :『二次電池Q&A』小久见善八、西尾晃治 著(OHM社)

$$\text{现实中电池的能量密度} = \text{理论能量密度} \times \frac{\text{平均放电电压}}{\text{电动势}} \times \text{电池容器内电极（活性物质）的充填率} \times \text{电极（活性物质）的利用率}$$

| 电极表面存在电位壁垒 | → | 活性化分极引起的电压下降 |

| 电极的导电阻力 集电体的导电阻力 电解液中离子的导电阻力 | → | 阻力分级引起的电压下降 |

放电电压降低

| 现实的电池中除了活性物质以外，还有其他零部件和附属品。比如电池盒、黏结剂、电解液和集电体等 | → | 容积与重量的增加 |

| 活性物质与集电体和电解液接触不良 | → | 活性物质的利用率降低 |

能量密度降低

实际电池的能量密度低于理论能量密度的一半啊！

　　用于混合动力汽车上的镍氢电池与镍镉电池相比,其能量密度是镍镉电池的 1.5～2 倍,镍氢电池具有充电速度快,充放电寿命长等诸多优点。镍氢电池的特点是,负极使用储氢合金。充放电过程中,氢离子在负极和正极间移动(　　)。

　　储氢合金是具有吸附和释放氢气性能的合金,其特点是能够储存高密度氢气。吸氢金属在高压氢气中放置时,氢气吸附于金属表面,以氢气原子或者氢气离子的状态保存于金属晶格中。这种状态的金属被称为**金属氢化物**。降低氢气压力时,金属氢化物吸收热量的同时向外部释放氢气。

　　储氢合金作为与燃料电池汽车开发相关的储氢手段,目前正在积极地研制和开发中,但由于储氢合金体积密度高,重量密度也仅低几个百分点且重量较大,目前还没有引起广泛的重视。

　　本章主要讨论各种充电电池的相关内容,并研究充电电池的充放电过程与特点。随着过去 15 年间便携式设备的普及和汽车技术的革新,电池市场的主体已经发生了较大的变化。如今,镍氢电池和下面要讲到的锂离子电池已经取代铅蓄电池和镍镉电池,并且它们的市场占有率还在持续扩大。最近,为了减少太阳能发电和风力发电的大量导入,保持电力系统的稳定,我们期待着容量大、充放电效率高、可靠性高、成本低、经久耐用的储存电能的电池的出现。

- 镍氢电池在负极上使用储氢合金
- 储氢合金能够可逆地吸附和释放氢气

参考：『二次電池Q&A』小久見善八、西尾晃治 著(OHM社)

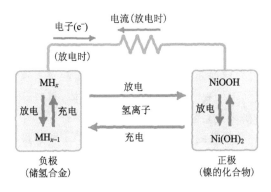

$$正极：NiOOH+H_2O+e^- \Rightarrow Ni(OH)+OH^-$$
$$负极：MH_x+OH^- \Rightarrow MH_{x-1}+H_2O+e^-$$

如反应式所示，电解液呈强碱性，现实中不存在氢离子，
为了使图上的功能更易于理解，我们标示了氢离子的移动。

储氢合金按照下面的反应在金属晶格中储存氢气原子，即储氢合金是较小的体积中储存
大量氢气的一种手段。为了使下面的反应顺利进行，根据具体需要，采取氢气加压减压
和加热冷却等手段。

储存过程：	M	+	H	⇒	MH	ΔH	外部操作为
	(储氢合金)		(氢气加压)		(金属氢化物)	(放热)	加压和冷却

释放过程：	M	+	H	⇐	MH	ΔH	外部操作为
	(储氢合金)		(氢气减压)		(金属氢化物)	(吸热)	加热和减压

储存氢气和释放的能力：	从体积上来说，储氢合金能够吸藏和释放其体积1000倍左右的氢气，从重量上来说，储存或者释放的氢气仅占储氢合金的1%～3%。

最近，以电动汽车和家庭充电型外插充电式混合动力汽车（PHV）的早期商业化应用为目标的锂离子电池的开发引起了大家的广泛关注。尤其是，充电电池汽车行驶时几乎不排放任何气体，具有非常卓越的环保特性，但是目前存在一次充电后行驶里程不理想的难题。

翻开电动汽车开发的历史，可以发现，人类不断地进行着电动汽车实用化的尝试。终于，在 19 世纪初出现了能量密度非常高的锂离子电池。通过以后的开发研究，锂离子电池的能量密度也许还会进一步提高，目前锂离子电池的能量密度是镍氢电池的数倍。

日本汽车制造商在电动汽车和外插充电式混合动力汽车（PHV）和锂离子电池等领域处于世界领先地位，三菱汽车、富士重工和日产汽车生产的电动汽车准备于 2010 年投向市场。

由于高额燃料费而得到快速普及的混合动力汽车可以说是节能汽车的起点，混合动力汽车于 1997 年开始了商业化应用。当初，混合动力汽车主要使用镍氢电池电源。而开发混合动力汽车的丰田公司准备在 21 世纪 10 年代初商业化的外插充电式混合动力汽车（PHV）中搭载锂离子电池。这种外插充电式混合动力汽车（PHV）在 100V 电压下充电，一次充满电之后能够行驶的里程为 23.4km，燃料费按照国土交通省的基准（JC08 模式），相当于每升汽油能够行驶 57km 的距离。

- 混合动力汽车也从镍氢电池转向了锂离子电池
- 锂离子电池的能量密度是镍氢电池的数倍

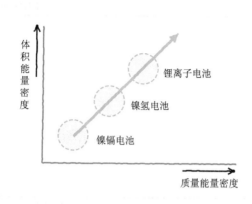

体积能量密度

质量能量密度

锂离子电池

镍氢电池

镍镉电池

参考：『二次電池Q&A』小久见善八、西尾晃治 著(OHM社)

超高的能量密度

家庭机器人

电动汽车

护理和福利设备

移动设备

大容量高输出

地域电力储存

家庭电力储存

紧急电源

现在的充电电池

应对特殊环境

宇宙用

海底用・极地用

生物体用

超薄型・超小型特殊形状

该图表示了未来可能用到的电池各个领域。

研究锂离子电池的相关内容之前,首先我们了解一下金属锂的相关内容。锂的原子序列号是 3,原子量约为 6.941(密度为 0.53g/cm³),因此锂是最轻的金属,锂的这种性质对制造质量轻的电池非常有利。

元素周期表中,锂位于最左侧的一列(ⅠA 族)的上数第二个位置上。也就是说,锂与同属 ⅠA 族的钠和钾等都属于碱金属。锂比水轻,放入水中会发生激烈的反应,产生氢气的同时溶于水中。这时锂被水氧化,从锂的角度讲,就意味着能够还原水,因此锂是还原性和活性非常强的金属。实际上,锂与空气中的水分就能发生反应,因此使用时必须要小心。

金属具有离子化倾向。按照金属被氧化成离子的难易程度进行排序,锂属于离子化倾向最强的金属。用离子化倾向越强的金属作负极,负极的电位会越低,与正极之间的电位差也越大,也能够得到更高的电动势。事实上,镍镉电池和镍氢电池的电压约为 1.2V,铅蓄电池的电压约为 2.1V,而锂离子电池能够得到平均放电电压为 3.6~3.7V 的高电压。这一点也说明,金属锂非常适合作负极材料。

由于金属锂与水反应生成氢气,不能像铅蓄电池和镍镉电池那样,用水溶液作电介质。

- 锂是还原性非常强的活性金属
- 锂金属具备作为电池负极材料的卓越性质

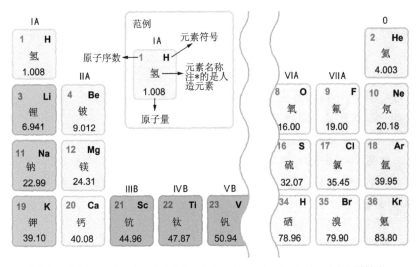

电池的电动势就是正极与负极的电位差，由于锂的还原性非常强，用锂作负极材料时，其电动势非常大。

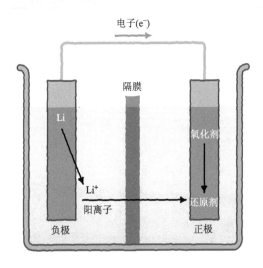

负极的金属锂在外部回路中释放电子变成锂离子，正极接受电子和锂离子，生成还原剂。

那么,我们来看看备受关注的锂离子电池的特征。根据前面的内容,铅蓄电池中,活性物质通过放电反应变成放电生成物在电极表面上积累。充电过程是放电生成物再一次变回原来的活性物质的反应。这种电池能够保存放电生成物,所以也叫**储备电池**。

锂离子电池中,正极与负极之间锂离子来回移动,不会使活性物质发生太大的变化。由于这种特点,锂离子电池也被称为**摇椅型电池**和**跷跷板型电池**。

锂离子电池的负极和正极分别由碳的同素异形体石墨(石墨、负极)和钴酸锂($LiCoO_2$,正极)做成。充电过程中,钴酸锂中的锂离子与电子在外部电场的作用下通过电解质向石墨负极方向移动。这时,向负极方向移动锂离子的数量占到全体锂离子的一半左右,据说如果锂离子的数量超过这个数,电极结构就会遭到破坏。相反,放电过程中石墨电极上的锂离子向正极移动,与电子结合变回原来的钴酸锂。构成电极的石墨和钴酸锂均为层状结构。基本上,锂离子在各层间的移动不会改变物质的结构。

锂离子电池的优点在于,单位体积或单位重量所对应的能量密度高。因此,锂离子作为小型轻量化的便携式电源,在 20 世纪 90 年代就得到了迅速的普及。

- 锂离子电池也称为摇椅型电池
- 锂离子在各层间移动不会改变物质的结构

参考：『二次電池Q&A』小久见善八、西尾晃治 著(OHM社)

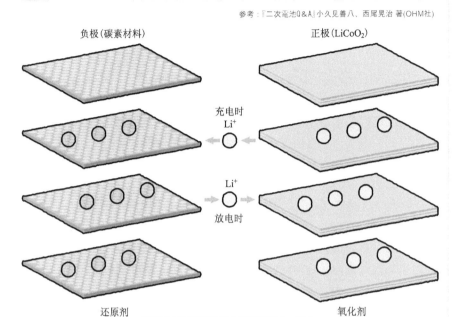

负极(碳素材料)

正极(LiCoO₂)

充电时
Li⁺

Li⁺
放电时

还原剂

氧化剂

锂离子在正极和负极之间来回移动，不会使活性物质发生大的变化。

参考：『二次電池Q&A』小久见善八、西尾晃治 著(OHM社)

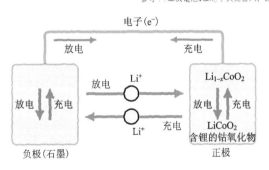

电子(e⁻)

放电   充电

放电 ↓↑ 充电 $Li_{1-x}CoO_2$

放电   Li⁺   放电 ↓↑ 充电

充电   Li⁺ $LiCoO_2$
含锂的钴氧化物

负极(石墨)   正极

正极：$Li_{1-x}CoO_2 + xLi^+ + xe^- \longrightarrow LiCoO_2$
负极：$CLi_x \longrightarrow C + xLi^+ + xe^-$

　　从原理上来说,能量密度和安全性是权衡的关系。一般来说,能量密度高的设备和物质安全性低。锂离子电池能量密度高,其电解质不是像铅蓄电池那样的水溶液,而是可燃性有机溶剂,因此过度充电,电流过大或者机械冲击等都可能引起发热、起火等危险的现象。如今,锂离子电池作为笔记本电脑和手机的电源得到了普及,但报告显示,当初这些设备中也有发生起火事故的实例。

　　锂离子电池负极的还原能力非常强,正极的氧化能力非常强,特别是充电时,电极与电解液之间发生异常反应,电解液发生热分解和气化,甚至电极发生热分解,有可能引起热失控。**热失控**是电池发热时,随着时间的推移电池温度急剧上升的现象, 电解液与负极的反应($80℃\sim$)、 电解液的热分解($150\sim250℃$)、 电解液与正极的反应($160℃\sim$)、 负极的热分解($180℃\sim$)、还有 正极的热分解($170\sim220℃$),并且这些反应会连锁地发生。

　　作为安全对策,除了充放电控制开关之外,锂离子电池中还设置了温度保险丝、热敏电阻、电池保护IC以及超过设定温度时电阻急剧增加抑制电流的保护元件(PTC元件)等。目前正在尝试用安全性更高的材质制造电池。具体来说,锂离子电池中不采用有机电解质,而是使用更加安全的聚合物固体、无机固体、凝胶和离子液体等。如今,锂离子电池以实现更高的安全性和能量密度为目标,正在进行积极的开发与研究。

- 电极与电解液之间的异常反应有可能引起热失控
- 目前,锂离子电池正在进行导入保护原件和改用安全材质等方面的尝试

参考：『二次電池Q&A』小久见善八、西尾晃治 著(OHM社)

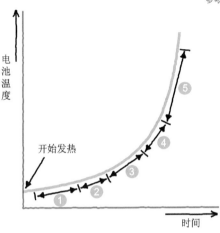

① 电解液与负极的反应　80℃~
② 电解液的热分解　150~250℃
③ 电解液与正极的反应　160℃~
④ 负极的热分解　180℃~
⑤ 正极的热分解　170~220℃

电池温度

开始发热

时间

为什么说电池的阻燃化和固体化是必要的。
阻止电解液的发热反应引起连锁反应的必要性。
电解液发生热分解之前内部压力也有可能上升：挥发性。
电解液变成燃料：要求电解质具有高热稳定性、难挥发性和阻燃性。

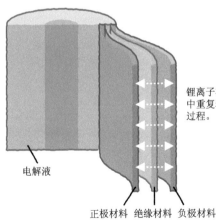

锂离子在来来往往中重复着充放电的过程。

电解液

正极材料　绝缘材料　负极材料

　　充电电池的用途不仅限于便携式设备和电动汽车。最近,为实现低碳社会,正在推广大幅取用太阳能发电、风力发电等可再生自然能源的政策。但是,直接把这些不太稳定的自然能源连接到目前的电力系统会导致供需平衡的破坏,恐怕系统电能的质量(电压与频率的稳定性)也会降低。目前正在开发的**智能电网**(第二代电力网)技术能够在导入大量可再生能源的同时,不降低电力系统的质量,真正实现用户基于节电的高效节能。所谓的智能电网建立在集成信息情报网、电力储存装置和直流电器的基础上,是运用效率和可靠性非常高的电力配送电网。

　　智能电网中,为了获得太阳能等不稳定电源的供需平衡,非常有必要设置大容量电力储存装置。作为能够满足要求的电力储存手段,充电电池被视为最有效的选择。

　　这种充电电池需要满足容量大、充放电效率高、长期安全性和可靠性高、易于保养、建设成本和运行成本低廉等要求。那么,能够满足这些条件而备受关注的充电电池有**钠硫电池**、金属空气电池和**氧化还原液流电池**等。

　　目前,电力公司正在引进钠硫电池。负极上使用钠和不锈钢,正极上使用硫黄和石墨的石墨毡集合体,电解质为层状结构的氧化铝,大约在350℃的高温下工作。

- 引进大量的太阳光发电等装置时, 电力储存装置是必不可少的
- 目前, 电力公司正在进行钠硫电池的导入

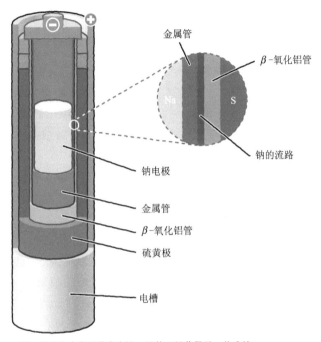

该电池作为大容量蓄电电池，目前已经获得了一些成绩。

参考：『二次電池Q＆A』小久见善八、西尾晃治 著(OHM社)

风力

自然能发电的
输出功率
(不稳定)

太阳光

充电电池

稳定的电力供应

利用

　　金属空气电池的负极为金属,正极上的活性物质(氧气)从外部空气中获得,电池内部保存一定量的负极活性物质,能大幅提高电池的能量密度。锌空气电池就是一个例子,锌空气电池以金属锌作负极,多孔镍和碳作正极,以氢氧化钾水溶液为电解液。考虑一下与碱型燃料电池类似的工作状态。

　　那么,负极与正极上的活性物质分别在电池外部保存的充电电池称为氧化还原液流电池。氧化还原反应(Redox)是表示还原反应(Reduction)和氧化反应(Oxidation)的术语。也就是说,负极侧的电解槽中储存二价和三价钒离子(V^{2+}/V^{3+})组成的还原对,正极侧的电解液槽中储存五价和四价的钒离子(V^{5+}/V^{4+})组成的氧化对。电解液用硫酸-硫酸盐水溶液。电解槽中储存的还原对与电解液通过输送泵送往电极,经过电极反应之后再次回到电解槽。如上所述,还原对在负极和正极中,分别形成不同的循环路径。

　　放电反应中,负极上的 V^{2+} 失去一个电子变成 V^{3+},正极上的 V^{5+} 得到一个电子转变成 V^{4+}。电池通过放电反应向外部供电时,负极侧电解槽中的 V^{3+} 浓度和正极侧电解槽中的 V^{4+} 离子浓度都会变得非常高。通过该反应能够得到的电动势为 1.4V。充电反应正好与上述过程相反。钒离子对的浓度也向相反的方向变化,变成原来的浓度组成。氧化还原液流电池与电力输送线连接起来使用。

- 金属空气电池采用从外部获得活性物质的方式
- 氧化还原液流电池是指氧化反应和还原反应中物质的流动

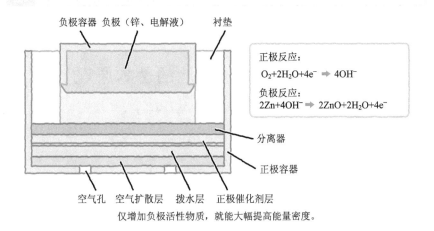

正极反应:
$O_2+2H_2O+4e^- \rightarrow 4OH^-$

负极反应:
$2Zn+4OH^- \rightarrow 2ZnO+2H_2O+4e^-$

负极容器　负极（锌、电解液）　衬垫

分离器

正极容器

空气孔　空气扩散层　拨水层　正极催化剂层

仅增加负极活性物质，就能大幅提高能量密度。

参考：『二次电池Q&A』小久见善八、西尾晃治 著(OHM社)

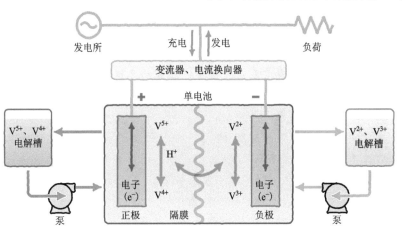

反应式：$V^{4+}+V^{3+}+$
充电
$\rightleftarrows$
放电
$V^{5+}+V^{2+}$

氧化还原液流电池
使发生还原（Reduction）反应和氧化（Oxidation）反应的物质循环（Flow）流动的反应。

燃料电池和充电电池的基本原理都是氧化还原反应

充电电池与燃料电池一样,都以氧化还原反应为基础。充电电池由电解液中分开放置的一对电极、两个电极间设置的分离器以及连接电极的外部回路组成。这对电极,在充电电池中称为正极和负极。

充电电池向外部回路供电的过程中,负极上发生氧化反应,正极上发生还原反应,电流从正极向负极的方向流动。这种现象称为"放电"。相反,电池从外部电源获得电能时,也就是充电过程中,负极上发生还原反应,正极上发生氧化反应,电流从负极向正极的方向流动。所以,放电与充电过程的化学反应正好向相反的方向进行。

燃料电池电极上反应的物质(氢气与氧气)由外部提供。充电电池中与反应相关的物质称为活性物质。一般来说,充电电池中的活性物质和反应生成物都在电极和电解液中储存。正是由于这个原因,采用"正极活性物质"和"负极活性物质"等表达方式。那么,充电过程是把放电反应中失去的活性物质变回原来物质的过程。

活性物质在电解液中溶解,与另一电极的活性物质接触直接发生反应,活性物质会发生反应消失掉(自己放电),因此为避免两种活性物质直接接触,电解液中设置了隔离板。隔离板相当于燃料电池的电解质,只有离子能够通过隔离板,而电子却不能通过。

铅蓄电池放电后活性物质变成放电生成物,储存在电池内部,这种电池被称为储备电池。与此相对应,锂离子电池中的锂离子在电极间来回流动,因此这种电池被称为"摇椅型电池"或"跷跷板型电池"。

第 3 章

生活中广泛应用的家庭用燃料电池

家庭用燃料电池的意义在于，把发电过程产生的热能用于家庭热水供应和供暖等方面，通过热电联产提高能量的利用效率。本章主要研究家庭用燃料电池的特性、系统的性能和存在的问题以及对将来的展望等内容。

044

家庭用燃料电池的普及推广是对抗全电化的表现

第 1 章的(014)中介绍了利用家庭用燃料电池的情况。本章主要研究家庭中使用的能量种类以及它们的比率和获得的手段等相关内容。

对家庭中能量的用途进行分类:第一种是,照明、电视和冰箱等家用电器使用的电能;第二种是,提供洗澡和做饭所需热水时使用的热能;第三种是,空调用于制冷和制热的能量。一般情况下,第二种和第三种能量需求通过城市燃气、丙烷和煤油灯燃料的供应满足,这一点在数年前就已成为常识。但是最近几年用电量骤增,其中一个原因就是**热泵**。

热泵能够高效地汲取大气中的热能,把这种热能用于暖气设备和热水供应热源,但在酷暑季节,情况正好相反,热泵汲取屋内空气中的热能,再把热能排放到外部空气中,达到降低屋内温度的目的。**制冷剂**是热泵中发挥运送热能作用的液体。

热泵也是利用电能工作的,但热泵技术发展非常迅速,如今的热泵效率已经非常之高。最近,引进热泵,用电能满足家庭全部能量需求的**全电化住宅**的宣传语句中使用了大量的节能方面的口号。分析能量供应者的势力图,过去热能供应是燃气公司和石油公司活跃的舞台,现在电力公司即将霸占这个领域。

即使把燃料电池引入家庭的设想说成燃料公司和石油公司等燃料供应者基于其危机感而谋划的对策也不为过。

要点
CHECK!

- 各个家庭都需要使用热能和电力,因此热电联产是一种有效的提供热能和电能的生产方式
- 热泵利用电能提供热能

图1 热泵的原理

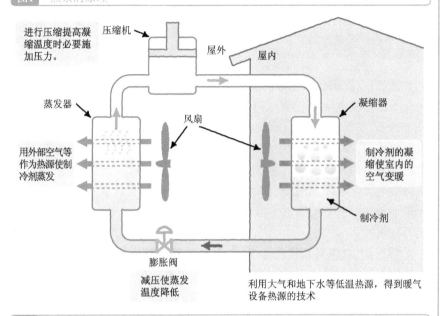

进行压缩提高凝缩温度时必要施加压力。

压缩机

屋外　屋内

蒸发器

风扇

凝缩器

用外部空气等作为热源使制冷剂蒸发

制冷剂的凝缩使室内的空气变暖

制冷剂

膨胀阀

减压使蒸发温度降低

利用大气和地下水等低温热源，得到暖气设备热源的技术

图2 全电化住宅的概貌

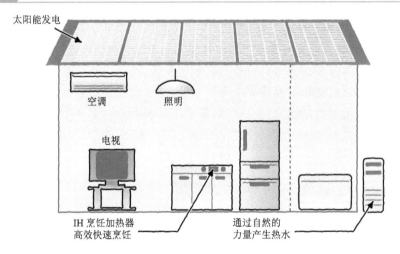

太阳能发电

空调　照明

电视

IH 烹饪加热器高效快速烹饪

通过自然的力量产生热水

最近，由于热泵的性能大大改善，也有人认为，热泵比热电联产（利用城市燃气）更有利。

045

选择固体高分子型燃料电池是从产学研结合项目获得的成绩

目前,家庭用燃料电池主要以固体高分子型燃料电池为主,选择固体高分子型燃料电池,主要有以下几个理由。

第一,工作温度低,启动和停止较为容易,其操作也不需要太长时间。即便如此,其操作也不像家用电器那么快,电池一旦停止,再重新启动时则需要一定的时间间隔。但是,如(046)中所述,燃料电池用于家庭剧烈变化的电力需求模式时,从保持可靠性和耐久性的观点看,反复进行启动和停止操作可能不太适宜。因此,燃料电池用于支持所谓的基本负载固定运转模式。

第二,电解质为固体高分子膜,燃料电池全部由固体组成,因此燃料电池的保养和组装也变得相当简单,一般人也能使用(外行人)。这是达到一家安装一台目标的必要条件。家用电器操作简单,具备高度可靠性和安全性,并且易于保养和维护。新能量财团(NEF)的民意调查结果显示,燃料电池应该改善之处的调查中,选择"可靠性低"的人最多,其次是"设备庞大",再其次是"价格昂贵"。

第三,高固体高分子型燃料电池输出功率密度大,体积小巧紧凑。这是考虑到很多家庭利用空间非常有限的现状,可以说体积小巧是固体高分子型燃料电池非常大的一个优点。但是,家庭用燃料电池系统提供电力的同时还要提供热能,是一个热电联产系统,因此(燃料处理装置与发电叠层装置)需要设置储热水槽。储热水槽体积大,在系统中应该占用最大的空间。

- 目前,家庭用燃料电池中,固体高分子型燃料电池是主流
- 由于家庭用燃料电池是热电联产系统,需要设置储热水槽

图1 家庭用燃料电池系统

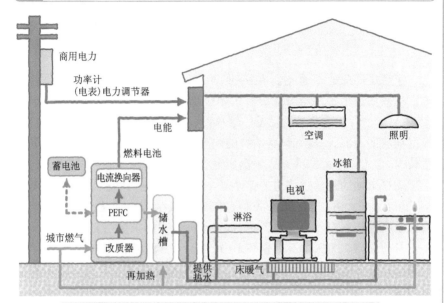

CO_2削减量： 能够削减的CO_2量相当于2150m²森林所能吸收的CO_2量。
节约能源： 18L煤油×18个/年=324L/年

利用城市燃气，产生电能的同时提供热水，因此热效率较高。

图2 固体高分子型燃料电池作为家庭用燃料电池的几点理由

工作温度低，启动和停止较为容易。

电解质为固体膜，可靠性高，保养维护也容易。

输出功率密度高，体积小。

046 燃料电池发电向基础电力供应的方向发展

　　家庭中能源的用途主要有照明、家电、厨房、热水供应、制冷和暖气等。这些用途中平均需求量所占比率分别如下,家电和照明所占比率最大,占到 34％,热水供应为 30％,暖气为 22％,厨房和制冷分别为 9％。根据地域的不同,冷暖气设备消费的能量有很大差异,但用于制冷的消费量较少,这也暗示着寒冷地区制热所需要能量较高。

　　燃料电池的运转模式中非常重要的一点是,电力和热能的需求模式不仅根据季节,还根据一天中不同的时间段发生较大变化。根据能量财团的家庭用燃料电池运行验证报告,每天的电力需求量在 8 月份最大,最小的月份是气候宜人的 5 月份和 10 月份。一方面,热水供应需求量从 12 份到 3 月份的冬季比较大,夏季 8 月份最小,热水需求量最大时占所有能量的比率约为 30％。

　　电力需求的一天模式中,夜里的电力需求几乎为零,从早上 6 时多开始直线上升,到中午的时候会降低一些,下午 17 时会再一次上升,到 22 时会迎来一天中的顶峰。一方面,热能需求的变化比电力需求的变化更加剧烈,从早上 8 时到 10 时达到第一个高峰,之后暂且下降,16 时左右开始急剧上升,22 时左右达到顶峰。22 时的峰值可以达到 14 时值的3.5倍。根据上述条件,电力消费增加时的负荷的变动部分依赖现存的电力系统,燃料电池负责基本负荷的能量供应,把温水储藏在储水罐中,采用按需提供的运转模式,这就是标准的工作方法。

要点 CHECK!

- 家庭用电力和热能的需求变动非常剧烈
- 燃料电池能够提供固定的输出功率

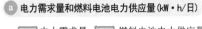

图1 家庭年内电力和热需求的变化

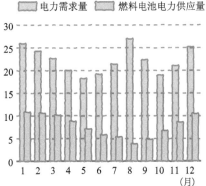

ⓐ **电力需求量和燃料电池电力供应量(kW·h/日)**

电力需求量 燃料电池电力供应量

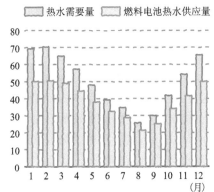

ⓑ **热水需要量和燃料电池的热水供应量(MJ/日)**

热水需要量 燃料电池热水供应量

图2 电力日负荷变化与燃料电池运转负荷的关系

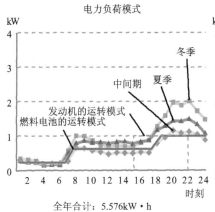

电力负荷模式

发动机的运转模式
燃料电池的运转模式

冬季

中间期 夏季

全年合计:5.576kW·h

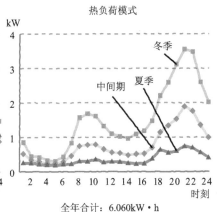

热负荷模式

冬季

中间期 夏季

全年合计:6.060kW·h

设想的家庭:面积150m²四口之家

出处:财团法人产业创造研究所
1997年关于家用小规模分散型能源系统的调查报告

现在,燃料电池向系统输送电力的逆风潮受到各种限制。但是,也不是说燃料电池完全不能适应负荷的变化,问题是什么样的负荷变化范围内运行多少容量的燃料电池才最经济。

047 从电力与热能需求量的比例出发,设定定额输出功率为 1kW

在日本,家庭用燃料电池的额定输出功率设定在 750W 到 1kW 之间。(046)中我们研究了全年和全天的家庭电力需求量变化情况,如果在短时间内用燃料电池独自补偿高负荷的微波炉和干燥机等电器,则发电容量必须要达到 3～5kW。如果想让燃料电池高效运转,达到负荷平均化(使电力消费的变动较为缓慢)的目的,可能有必要使用充电电池。

在美国,以这种理念策划家用燃料电池项目,每个家庭的燃料电池定额输出功率设定在 5～6kW 的范围内。在美国,安装燃料电池的主要目的在于满足电力输送网所不能到达的偏远地区的电力需求,加上美国电力输送网可靠性差等因素,即使电力输送网能够到达的地区也在考虑使用燃料电池。但是,日本的电力输送系统相当完善,而且可靠性也非常之高,电力消费中的脉动部分(直流电流中所含脉动的成分)依赖于电力公司是明智的做法。因此,日本燃料电池的额定输出功率设定为 1kW 级。

燃料电池主要的价值在于发电同时能够产生热能。结合电力和热能两方面需求的运转模式是不可能实现的。固体高分子型燃料电池的**热电比**(热输出功率/电输出功率)在 1～1.3 之间,远低于燃气轮机热电联产的热电比(2.8～3.3)。其理由是,燃料电池的发电效率比燃气轮机的发电效率高,所以对于电力需求大于热需求的家庭来说,燃料电池的能量利用效率更高。

要点 CHECK!

- 日本燃料电池的定额输出功率设定为1KW
- 固体高分子型燃料电池的热电比(热输出功率/电输出功率)在1～1.3之间

图1 热电联产的综合能量效率

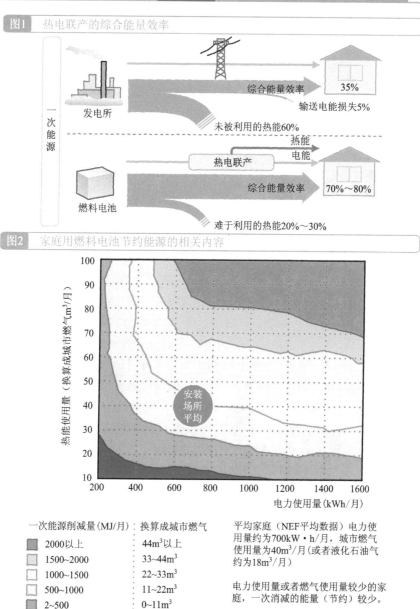

图2 家庭用燃料电池节约能源的相关内容

一次能源削减量（MJ/月）	换算成城市燃气
2000以上	44m³以上
1500~2000	33~44m³
1000~1500	22~33m³
500~1000	11~22m³
2~500	0~11m³
2未满	—

平均家庭（NEF平均数据）电力使用量约为700kW·h/月，城市燃气使用量为40m³/月（或者液化石油气约为18m³/月）

电力使用量或者燃气使用量较少的家庭，一次消减的能量（节约）较少。

平均家庭城市燃气消费量约为40m³/月（相当于450kW·h/月），与此相对应，电力消费量约为700kW·h/月，这时的热电比约为65%，也就是说，发电效率高热电比小的热电联产更为适宜。

048

冬夏季电力需求高,夏季热能需求低

(014)中叙述了新能量财团从 2005 年到 2008 年 4 月间进行的共计 3307 台家庭用燃料电池运转验证试验的相关内容(014)。这个验证实验的成绩总结,公布在通报会和财团网站的首页上。根据这份总结,全日本各地设置燃料电池的场所(site),从北到南共计 456 处,发电时间累计达到 1847 万时间,发电量到现在为止累计达到 1038kW·h。发电量除以发电时间就可以得到平均输出功率,答案是0.56kW,综上所述,可以得出平均输出功率为定额输出功率的一半到六成左右的推论。

根据新能量财团发表的内容,2008 年制造的机器发电效率约为 32%,导入燃料电池的节能效果约为 20%,减少二氧化碳排放效果约为 33%。由于技术进步,这些指标在四年间得到了很大的提升。

我们研究了家庭电力和热能的需求量根据季节的变化和燃料电池在多大程度上能够补偿这种需求等内容。家庭一天的电力需求在 1 月份达到峰值,5 月份到 6 月份会缓慢下降,但是过了 6 月份又会急剧上升,7 月份到 8 月份会迎来第二个用电高峰。接下来,夏天到秋天的这段时间,电力需求会有所下降,10 月份左右触底之后,用电量开始上升,上升势态一直持续到 12 月份。与电力需求相比,热能的需求曲线就简单得多,冬天需求大,夏天需求小,其比例差不多为 3:1。

那么,天气寒冷的 12 月份和 1 月份时,对应电力需求的燃料电池供应比率约为 40%,到气候宜人的 5 月份左右为止几乎不发生什么变化,到 8 月份的酷暑季节就会大大降低,约为 18%。这个结果如我们所料,证明了热能需求变大时,燃料电池发挥的作用也会变大的事实。

要点 CHECK!
- 2005年到2008年间新能量财团进行了3307台家庭用燃料电池的运转验证实验
- 热能需求大时,燃料电池的价值〔节能效果〕也大

图1 通过燃料电池发电与购买的电力

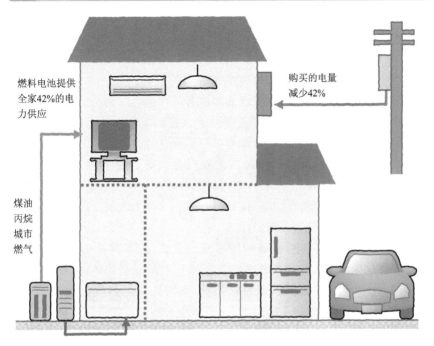

燃料电池提供全家42%的电力供应

购买的电量减少42%

煤油
丙烷
城市
燃气

燃料电池供应全家77%的热水供应

热需求越大，家庭用燃料电池的效果就变得越明显！

为追踪固体高分子型燃料电池系统中物质和热能的流动,我们决定考虑辅助设备。从外部导入系统的物质有城市燃气(天然气)和丙烷气体等燃料,除此之外还有空气、水和电力等。燃料电池本身能够产生电能,但启动燃料电池时需要电力系统提供一部分电能。

这里,我们以城市燃气作燃料的系统为例进行说明,系统如图 1 所示。城市燃气在压缩机升压后,经过脱硫器进入改质器,其目的主要有两点。第一,作为制造氢气的原材料使用。第二,作为改质反应产生必要的热能和水蒸气时所需的燃料使用。

家庭用燃料电池中,需要利用水蒸气改质反应,这个改质反应是由 CO 转移反应和 CO 选择性氧化反应组成。改质反应在 650℃ 以上的高温下才能进行,而且改质反应是吸热反应,因此高温和热能是必要的条件。高温型燃料电池的工作温度高,能够利用叠层装置排放热量,但固体高分子型燃料电池的工作温度只有 80℃ 左右,因此不可能利用叠层装置排放热能,需要燃烧一部分燃料提供必要的热能。

S/C 比是燃料电池系统的重要指标,与系统的工作密切相关。S/C 比是表示 S(所提供水蒸气的摩尔数)/C(原燃料所含碳的摩尔数)的参数。需要生产大量氢气时,S/C 比越大越好,但是当 S/C 比大于一定数值时,产生水蒸气所需的能量也随之变大,总体的效率也会下降。甲烷的 S/C 标准值为 3。

要点
CHECK!

- 家庭用固体高分子型燃料电池中需要水蒸气改质过程
- 改质反应需要650℃以上的高温,因此需要燃烧一部分燃料提供热能

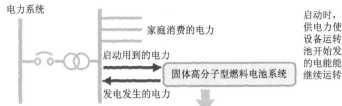

图1 家庭用燃料电池中能量和燃气的流动

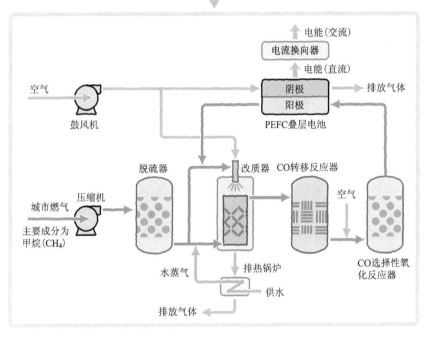

启动时，需要由系统提供电力使鼓风机等辅助设备运转起来，燃料电池开始发电之后，产生的电能能够使辅助设备继续运转。

压缩机： 城市燃气的供给压力不足情况下的必要设备。
脱硫器： 使用脱硫剂除去燃气中的（硫化氢）加臭剂。
改质器： 碳氢化合物与水蒸气反应生成氢气
　　　　反应实例 [$CH_4 + H_2O \rightarrow CO + 3H_2$]
　　　　这时加入的水蒸气量为碳摩尔数的3倍左右。
转移反应器： CO与H_2O发生转移反应 [$CO + H_2O \rightarrow CO_2 + H_2$]
选择性氧化反应器： 把转移反应中剩余的CO变成CO_2 [$CO + 1/2O_2 \rightarrow CO_2$]

　　空气经过过滤器去除杂质后进入系统,系统中空气有三个目的地。第一,通过燃料电池本身的叠层装置导入空气极的空气;第二,送往燃料处理装置燃烧部为改质反应提供热能的空气;第三,为了将改质气体中CO 的浓度控制在 10ppm 以下,选择性氧化反应中用作氧化剂的空气。

　　叠层装置由多个单电池层叠而成。为了使所有单电池充满空气,需要输送多余的空气,与此相对的是,燃料极排放的未利用氢气作为燃料送往燃料处理装置燃烧部进行利用。这时空气就不能充满所有的单电池,未利用的氢气增加时,燃料的利用率下降,结果燃料电池的效率也会下降。

　　系统的物质流动中,最重要的要素是水。如前所述,氢离子从燃料极向空气极移动时,水也移动,因此水的供应必须是合适的。一方面,空气极上电极反应生成水,与氢离子携带的水结合,排放出大量的水。因此,燃料极的加湿和空气极的拨水处理是影响燃料电池性能的重要课题。当加湿长时间中断时,电解质膜有可能老化,当空气极上充满大量水时,有可能堵塞分离器上的刻槽,阻碍空气的流动。这种现象称为法拉第现象。水循环之所以重要,是因为有时会引起棘手的问题。比如,在寒冷地区的冬季,当水冻成冰时,可能会引起燃料电池不能运转等问题。

要点 CHECK!

- 燃料极（阳极）上未被利用的氢气能被燃料处理装置利用
- 阳极的加湿（水分）和阴极（空气极）的拨水同样重要

图1 家庭用燃料电池中能量和燃气的流动

参考：『図解　燃料電池のすべて』本间琢也 监修(工业调查)

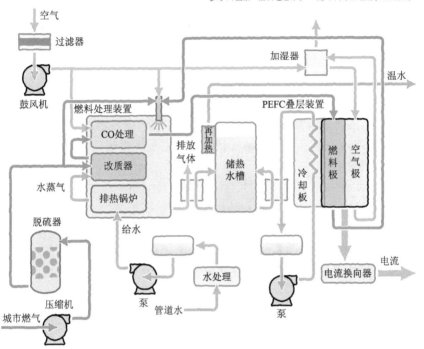

热水在储热水槽中储存，按需使用。如果需要提高温度，则进行再加热。

叠层装置内部的水管理是非常重要的问题呀！

051 追踪热能的流动
排热回收系统的作用

　　排热回收装置是从叠层装置回收热能的装置,在热电联产中给用户提供稳定热能的同时,还发挥着保持叠层装置温度恒定的作用。排热回收装置利用冷却水吸收叠层装置的热能,但不能就这样把热能储存于储热水槽中,通过热交换器把热能转移到管道水中,以温水的形式储存。为避免冷却水通过叠层装置时高压状态的单电池发生短路,要求冷却水必须是无杂质的**纯水**。

　　储热水槽有各式各样的尺寸。比如,宽度80cm,进深35cm,高度1m,能够储存约200L60℃左右的热水。如前所述,电能与实际的负荷无关,燃料电池以拟定负荷发电,从系统买入不足的部分。一方面,通过储存热能能够调节输出与需求的关系。如果储热水槽的温度较低,水量不足,就不能满足用户的要求,需要再加热。另一方面,空气极放出的水用于加湿(参照050)。

　　叠层装置中,分离器提供燃料、氢气、空气和水等物质的通路空间。为防止分离器上提供高压燃气和空气时发生泄漏,对分离器进行了封闭。分离器还承担单电池间电气连接的任务。除此之外,由于分离器需要接触强酸性电解质膜,一般采用耐腐蚀导电性俱佳的材质。由碳和树脂混合而成的**碳树脂模型**,制作厚度尽可能薄,要求厚度小于3mm。最近有观点认为,分离器应该向更薄的方向发展,因此金属原料引起了大家的广泛关注。

要点
CHECK!

- 叠层装置冷却水中的热能被回收储存于储水槽中
- 分离器上有燃料、氢气、空气和水等物质的通路

图1 固体高分子型燃料电池单电池的构成要素

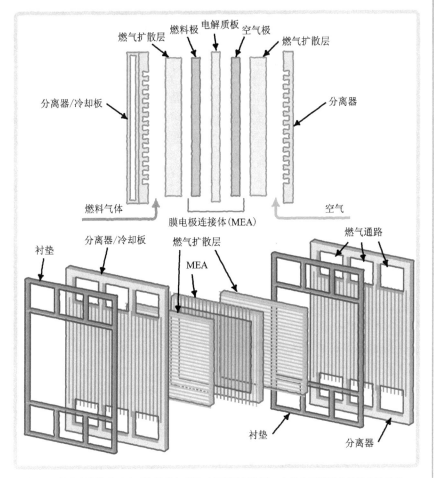

把上面的单电池构成要素反复层叠之后就可得到叠层装置,由于叠层装置中的单电池是串联接入,因此叠层装置的电压等于单电池的电压乘以叠层的层数,全部单电池中都流动着相同的电流。

名词解释

MEA(Membrane Electrode Assembly)→膜电极连接体。

052 家庭用燃料电池以安全、安心和经久耐用为先决条件

家庭用燃料电池中最重要的必要条件是安全、安心且经久耐用。除此之外,涉及家庭用燃料电池的普及时,价格低廉也作为一项要求被提了出来。然而,"提高安全性、可靠性、经久耐用型"和"降低成本"之间又是相互权衡的关系。换句话说,满足前者的要求,就难以实现后者的要求,先满足后者的要求,就得牺牲前者。

成本问题可依赖于材料和生产技术,提高可靠性和耐久性时,对老化原因的学术分析是不可或缺的,因此需要成立产业合作体制,再加上国家的政策扶持,大学和研究机构才能倾注精力进行相关研究。在耐久性的问题上多个现象互相纠结,而且还有电极催化剂和电解质膜等多个部件。所以说,验证试验需要很长的时间。

为短时间内得到验证试验结果,科研人员研究和探讨了加速试验的方法。加速试验是在各种过于苛刻残酷的试验条件下进行运转试验,短时间内阐明老化因果关系的研究方法。举例来说,可考虑的加速试验方法有高加湿和低加湿的条件下运转、电流小电压高的条件下持续运转、反复启动和停止、提供给单电池的燃气和水分中混入金属离子等杂质。

前面的内容中解释了很多一般性的原则,下面举个例子介绍一下膜老化的机制(如图 1 所示)。燃料极上,从空气极泄露的氧气发生反应生成过氧化氢(H_2O_2),存在铁离子的情况下,与过氧化氢发生剧烈反应产生氢氧根离子(游离基)OH^-,氢氧根离子会攻击电解质膜并产生针孔(很小的洞),这就是电解质膜老化的全过程。因此,水中不能含有杂质,管道水必须经过脱离子过滤器,才能进入系统。

要点 CHECK!

- 对家庭用燃料电池最基本要求是安全、安心和经久耐用
- 提高耐久性时,需要进行老化原因分析

图1 | 膜老化的机制

参考：『水素・燃料電池ハンドブック』
氢燃料电池手册编辑委员会

过氧化氢（H_2O_2）的产生

↓

刺激性物质的产生

↓

攻击膜的薄弱之处

↓

膜的机械强度退化

↓

局部压力下产生针孔和裂缝

↓

发生跨界现象（膜中通过气体）

膜老化的加速试验：膜在低加湿、低电流、高电压、高氧气浓度等条件下运转会加速膜的老化。举个例子，单电池的运转温度在90℃，相对湿度为50%，选择纯氢气和氧气为反应气体时，膜的老化会加速100倍。就是说，1/100的时间内就能得到试验结果。

为了确立技术基础，加速试验是不可或缺的！

053 家庭用燃料电池的进化

　　工作温度低是目前家庭用固体高分子型燃料电池的优点之一,但是低温也会带来一些缺点。从系统方面来看,工作温度低的条件下,对改质气体中 CO 浓度的制约就会更加严格,难以减少铂金催化剂的用量。从利用的角度来看,工作温度低时,其利用会受到限制,而且需要配备更大的储热水槽。

　　目前正在进行工作温度在 120℃ 到 180℃ 范围内的中温操作型燃料电池的研究开发,该燃料电池采用与固体高分子型燃料电池完全相同的离子交换膜。尽管120℃ 到 180℃ 的温度范围接近磷酸型燃料电池 200℃ 的工作温度,但目的是开发磷酸型燃料电池中不能实现的紧凑型燃料电池。除此之外,最近正在加速开发以家庭使用为目的的固体氧化物型燃料电池,这种燃料电池需要在极高温度下运转。依赖技术进步,这种燃料电池最早能 2012 年实现商用化应用。

　　以后的章节中,我们将考察和研究家庭用燃料电池系统今后的发展方向。学习新内容之前,复习一下固体高分子电解质膜的特性和构造。

　　电解质膜要求具有如下性质,❶ 化学性能稳定,❷ 氢离子(质子)导电性好,❸ 气体的渗透性小,❹ 制造和处理较为容易且廉价等。现在,高分子膜中广泛使用的全氟磺酸质子膜中,氟原子保护在碳原子周围,因此化学性能稳定,且由疏水性的聚四氟乙烯骨架以及形成离子簇合物的侧链部分组成。

要点
CHECK!

- 家庭用燃料电池的开发正在向工作温度高温化的方向发展
- 家庭用固体氧化物型燃料电池的开发正在加速进行

图1　全氟磺酸质子膜的分子构造

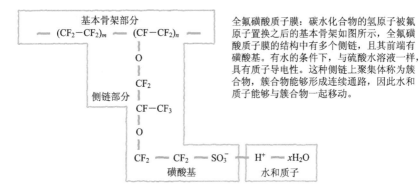

全氟磺酸质子膜：碳水化合物的氢原子被氟原子置换之后的基本骨架如图所示，全氟磺酸质子膜的结构中有多个侧链，且其前端有磺酸基。有水的条件下，与硫酸水溶液一样，具有质子导电性。这种侧链上聚集体称为簇合物，簇合物能够形成连续通路，因此水和质子能够与簇合物一起移动。

图2　簇合物的概念

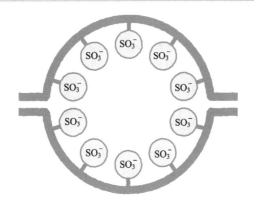

图3　对电解质膜的性能要求

化学性能稳定
氢离子（质子）导电性好
气体的渗透性小
制造较容易且廉价
处理容易等

前节内容中说明了高分子电解膜的专用术语"簇合物",这里进行一下补充说明。簇合物本来是指"集团"或"群"的词语,也能表示葡萄的串。总之,固体高分子型电解质膜形成了以氟树脂为主链的骨架(葡萄的枝)结构,而带有磺酸基(葡萄的果实)的侧链(葡萄的串)垂挂在主链上,形成了"簇合物结构"。水分子进入簇合物结构时,氢离子(质子)带着磺酸基跟随水分子向前移动。

那么,目前正在开发的中温工作型燃料电池的实例中,电解质中使用加入磷酸添加剂的聚苯并咪唑(PBI)膜。这里添加的磷酸具有开辟氢离子通路的作用。

通过聚苯并咪唑(PBI)中添加磷酸的方法,一个 PBI 分子上最多能添加 5～10mol 的磷酸,但德国化学公司的 BASF 公司开发出了一种新技术,利用该技术能在一个 PBI 分子上添加 70mol 左右磷酸。仅仅通过增加磷酸的添加量,也能很容易地打开氢离子的通路。

中温工作型燃料电池最大的优点在于,不需要加湿。而且,对于改质气体中所含 CO 浓度的限制也比固体高分子型燃料电池宽松得多,CO 浓度只要低于 3% 左右就可以了。因此,只要考虑做到系统简单,设备紧凑就可以了。

要点
CHECK!

- 氢离子(质子)带着磺酸基,跟随水分子向前移动
- 中温工作型燃料电池中使用的电解质膜与固体高分子型燃料电池不同

图1　固体高分子膜内氢离子和水的移动

参考：『図解　燃料電池のすべて』本间琢也 监修(工业调查)

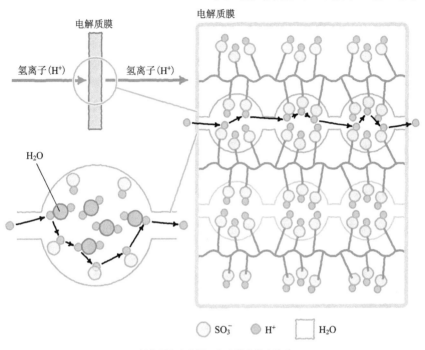

电解质膜

氢离子(H⁺)　　氢离子(H⁺)

电解质膜

H₂O

○ SO₃⁻　　● H⁺　　□ H₂O

氢离子与水分子一起在簇合物中移动

图2　中温工作型燃料电池的特征

电解质膜：使用添加磷酸的聚苯并咪唑(PBI)膜

中温工作型燃料电池的优点：装置构造简单

不需要加湿

允许燃料气体中存在较高浓度的CO

比磷酸型燃料电池更加紧凑

055 家用固体氧化物型燃料电池的优点

由于固体氧化物型燃料电池在高温下工作,当初设想将其作为大容量发电设备进行实用化,但现正进行输出功率为 1KW 级的家庭用固体氧化物型燃料电池的开发研究与运转验证。把固体氧化物型燃料电池引进家庭的第一个优点是发电效率高。固体高分子型燃料电池的发电效率为 35％,而固体氧化物型燃料电池的发电效率却可以达到 45％左右。高发电效率意味着燃料消费量相同时,能够得到更多的电能,热回收量也会相应地减少。当然,电力作为能源的价值比热量高,因此固体氧化物型燃料电池的价值更高。

通过计算,已经商品化并且正在普及的内燃发电机 ECOWILL 和固体高分子型燃料电池、固体氧化物型燃料电池等三种家庭用热联供电方式的热电比(热输出功率/电输出功率)分别为 3.25、1.29 和 0.66(如表 1 所示)。如(047)中所述,热能的使用量大时,能量的利用率高。所以,热电比低(相对于热能的发生量,电的发生量更大)的固体氧化物型燃料电池,能量利用率更高,也更受欢迎。

第二大优点是,提高热水的供应温度时,热能的价值就能得到体现,这样不仅扩大了热能的用途,还能使储热水槽变得更加紧凑。体积变小的不仅仅是储热水槽。对燃料电池本身来说,与固体高分子型燃料电池不同的是,没有对一氧化碳严格的条件限制,也不用进行麻烦的水管理,所以燃料电池系统本身也会变得更加紧凑。除此之外,也能把改质器与叠层装置进行一体化处理。家庭中安装燃料电池时,小型化是决定性的有利条件,将来在豪宅和集合住宅中也能够安装燃料电池。

要点
CHECK!

- 固体氧化物型燃料电池高温工作时的发电效率高
- 固体氧化物型燃料电池的发电效率高,但是热电比低

图1 固体氧化物型燃料电池的field试验机（大阪燃气公司·京瓷）

图片提供：大阪燃气

图2 固体氧化物型燃料电池单电池的外观

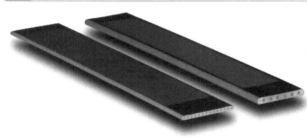

由京瓷公司开发的平板圆筒形单电池采用燃料极设置在内侧，空气极设置在外侧的方式。用$LaCrO_3$作内部连接材料，空气中用铁酸盐系合金作单电池之间的连接材料。

表1 家庭用热联发电的比较

	定额输出功率 (kW)	发电效率(%)	定额热输出功率 (kW)	热电比
发动机式热联发电 （ECOWILL）	1	20	3.25	3.25
固体高分子型热联发电 （目标方法）	0.7~1	35	0.9~1.29	1.29
固体氧化物型热联发电 （目标方法）	1	45	0.66	0.66

家庭的热能需求不是那么大，因此选择热电比小的发电方式，才能更高效地利用能量。

056 家庭用固体氧化物型燃料电池中存在的问题

第 1 章已经探讨了固体氧化物型燃料电池存在的技术课题和问题点。这里，主要对家庭用固体氧化物型燃料电池特有的课题进行相关的研究和探讨。第一是工作温度高，设备温度提高到工作温度需要一定的时间，所以启动设备需要较长时间。还有，设备停止时，不可能使设备温度快速下降。也就是说，启动和停止不够敏捷，因此家庭用固体氧化物型燃料电池的运转模式，采用了夜间几乎没有负荷的情况下也连续运转的方式。没有负荷的情况下运转，乍一看好像是很大的浪费，其实燃料电池不发电的时候，燃料的消耗量是非常小的，所以不存在大量的浪费。这是经过长时间的验证运转试验确认的事实。

家庭用燃料电池中最重要的课题是保证高度可靠性、长期的耐久性以及低成本化。固体氧化物型燃料电池受到氧化或热冲击时，很可能发生材料的破损，保证长期耐久性也不是那么容易的事。除此之外，叠层装置及其周边部位也大多使用陶瓷和耐热合金，因此降低成本也是比较棘手的难题。

2007 年，新能量财团开始了固体氧化物型燃料电池验证运转四年计划，大阪燃气、东京燃气、新日本石油等六个公司参加了该项目，共计提供 29 台设备用于运转试验，运转时间累计达 44 408 小时。2009 年，又有 9 家企业和 6 个制造商参与了该项目，直到 2010 年 3 月为止，运转的设备共达 67 台。根据对大规模验证实验结果的分析，期待高效紧凑的固体氧化物型燃料电池在不久的将来投入商业化应用。

要点 CHECK!

- 固体氧化物型燃料电池由于启动和停止困难，因此在夜间也不停止运转
- 新能量财团从2007年开始进行了家庭用固体氧化物型燃料电池的验证实验

图1　实验中使用的集合住宅

位于大阪市内、
大阪燃气公司
安装燃料电池
用于验证试验
的集合住宅
提供：大阪燃气

表1　固体氧化物型燃料电池热联供电系统的验证试验结果（大阪燃气·京瓷）

实验实施者	大阪燃气·京瓷
试验期间	2009年11月～2010年3月
设置场所	大阪燃气实验集合住宅
试验装置	输出功率为1kW级固体氧化物型燃料电池
	发电部分：48cm D×98cm H×70cm W
	热水部分：40cm D×145cm H×65cm W(100L)
	运转温度：750℃
试验结果	运转时间：约2000h
	定额负荷发电效率：49%
	实际负荷每天平均发电效率：44.1%
	实际负荷每天平均热回收率：34%
	一次能量削减率：31%
	CO_2削减率：45%

COLUMN

家庭用燃料电池与电力系统联合运转

现在,家庭用燃料电池的主流是固体高分子型燃料电池。其理由是,工作温度低、启动和停止比较容易、容量小,也能得到高发电效率。而且,这种燃料电池全部由固体构成,因此具有运转和保养较为容易,安全性高,一般人(外行人)也能进行处理等优点。

构成家庭用燃料电池系统的主要部件有燃料电池叠层装置(发电主体)、燃料处理装置、排热回收装置、储热水槽、电流换向器,除此之外还包含泵、测量控制机器等辅助设备。前面的内容中提到,固体高分子型燃料电池启动停止容易,但是负荷变动剧烈的运转模式会损害燃料电池的耐久性,所以尽可能让燃料电池在固定负荷下运转。为此把家庭用燃料电池与电力系统连接起来,采用电力变动的部分依靠电力系统,燃料电池负责家庭的基本负荷的运转方式,燃料电池的定额输出功率为 700W 到 1kW 之间时最为适宜。

燃料处理装置是从引入家庭的城市燃气、丙烷和煤油中取得氢气的装置,包含脱硫器、改质器、CO 变成器、CO 去除器等。排热回收装置是利用叠层装置的冷却水运输的排热能提供热水的热交换器。电流换向器是燃料电池中把直流输出转变成交流的机器,与电力系统的交流连接在一起,为家用电器提供交流电时所必需的机器。储热水槽是能够储存 200 升热水的储水罐。

经过新能量财团的大规模验证运转试验,家庭用固体高分子型燃料电池已于 2009 年进行了商业化应用。现在已经开始了以家庭使用为目标,发电效率更高、更加紧凑的固体氧化物型燃料电池的验证运转研究。

第 **4** 章

燃料电池
在汽车中的应用

从20世纪90年代开始，燃料电池用作汽车动力源的时机开始成熟。这就是将混合动力汽车的发动机置换成燃料电池的方式，车内储存的氢气作为燃料使用。

057 燃料电池汽车(FCV)是什么样的汽车

　　燃料电池汽车,顾名思义,是以固体高分子型燃料电池作为动力源的汽车。燃料电池汽车以燃料电池作为发电机,产生的电能驱动车轮前进,可以说燃料电池汽车与电动汽车非常接近。燃料电池汽车中的燃料电池以氢气为燃料,车内装载氢气罐,与汽油汽车不同的是燃料电池汽车几乎不排放引起温室效应的二氧化碳气体,而且也不会排放煤烟灰、CO 和氮氧化物等污染大气的物质。除此之外,电动机驱动四轮,因此噪音和振动都比发动机小,可以说燃料电池汽车是环境友好的汽车。

　　燃料电池汽车应该处于电动车和混合动力汽车中间的位置上。与电动汽车比较,燃料电池汽车是将充电电池(电池)换成燃料电池的车种,但并不是说要把充电电池完全去掉。如果要使燃料电池在更高效率的输出条件下运转,为取得供需平衡则必须安装电力储存装置,而且回收刹车能量作为电能储存时也需要充电电池。在这一点上,与其说是燃料电池汽车是接近混合动力汽车的动力机构,不如说是把混合动力汽车的发动机换成燃料电池的汽车。

　　纵观汽车发展的历史,就可以明白这种动力源的变迁。最古老的电动车诞生于 19 世纪 70 年代,比内燃机还要早。有趣的是,燃料电池原理的验证是在 1839 年。电动汽车到现在为止一直存在的缺点是储存电量小导致的行驶里程限制。

要点 CHECK!

- 燃料电池汽车以氢气为燃料, 属于清洁排放
- 燃料电池汽车是将混合动力汽车的发动机换成燃料电池的汽车

图1 燃料电池汽车（本田FCX）

本田技研工业提供图片

图2 燃料电池设备的搭载状况

同轴驱动型电动机变速箱

锂离子电池

高压氢气罐

V flow FC叠层电池

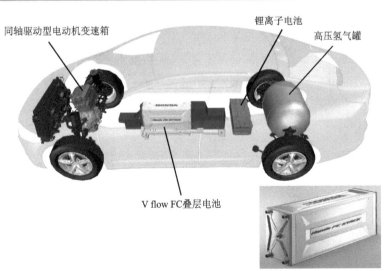

本田技研工业提供图片

058 燃料电池汽车用什么燃料

　　(057)中提到,虽然电动汽车的诞生早于汽油汽车,但是汽油汽车还是得到了压倒性的普及。混合动力汽车属于在汽油汽车基础上延伸的车种,由于汽油汽车燃油费的大幅上升,也为了制造环境友好的汽车,1997年由丰田汽车开发的混合动力汽车正式开始发售。

　　除了宇宙探索用途之外,燃料电池开发的主要用途是作为固定放置式(固定在地面上的安装方式)热联发电设备使用,起初并没有将其用作汽车动力源的想法。1987 年,加拿大巴拉德公司(Ballard Power Systems)以美国道氏公司的 nafion 膜为电解质开发出了固体高分子型燃料电池,随着燃料电池工作温度低、输出功率密度高,并且紧凑小巧等优点逐渐变得明朗,大大提升了燃料电池作为汽车电源使用的概率。

　　固体高分子型燃料电池以氢气为燃料,有改质器的情况下可以使用石油系液体燃料。开启燃料电池汽车实用化梦想的 20 世纪 90 年代,同时进行了两方面的试验研究,一种是将氢气燃料直接搭载在汽车上的方式,另一种是根据改质方式不同,装入甲醇和汽油等液体燃料的方式。在日本,丰田、本田、日产、马自达和大发等主要的汽车生产商都进行了两种汽车的试制和验证运转试验。其中,液体燃料改质方式需要高温热源,因此装置大型化成为其发展的瓶颈,随后也没有开发出解决这种问题的技术,因此,现在主要采用将压缩氢气装入储藏罐储存的方式。

要点
CHECK!

- 当初, 还研究和探讨了车内液体燃料改质的方式
- 现在的主流仍然采用将压缩氢气装入储存罐的储存方式

表1 世界燃料电池汽车的开发状况

制造商	发布年份	车　辆	燃料电池输出功率	燃料供给方式
丰田	1996	改款RAV-4	20kW	储氢合金
	1997	改款RAV-4	25kW	甲醇改质
	2001	FCHV-3	90kW	储氢合金
		FCHV-4	90kW	高压氢气
	2001	FCHV-BUS1	-	高压氢气
	2002	FCHV-BUS2	180kW	高压氢气
	2002	FCHV	90kW	高压氢气
马自达	1997	德米欧改款	20kW	储氢合金
	2001	博悦FCEV	65kW	甲醇改质
大发	1999	改款文艺复兴	16kW	甲醇改质
	2001	改款文艺复兴	-	高压氢气
日产	1999	改款文艺复兴	-	甲醇改质
	2000	XTTERA FCV	75kW	高压氢气
	2002	X-TRAIL FCV	-	高压氢气
本田	1999	FCX-V1	60kW	储氢合金
		FCX-V2	60kW	甲醇改质
	2000	FCX-V3	62kW	高压氢气
	2001	FCX-V4	-	高压氢气
	2002	FCX	78kW	高压氢气
戴姆勒克莱斯勒	1994	NECAR1	50kW	高压氢气
	1996	NECAR2	50kW	高压氢气
	1997	NECAR3	50kW	甲醇改质
		NEBUS	190kW	高压氢气
	1999	NECAR4	70kW	液体氢气
	2000	NECAR4a	75kW	高压氢气
		NECAR5	-	甲醇改质
		JeepCommander2	-	甲醇改质
		Citaro	-	高压氢气
	2001	Sprinter	-	高压氢气
	2002	F-Cell	69kW	高压氢气
福特	1999	P2000 sedan	70kW	高压氢气
		P2000SUV	70kW	甲醇改质
	2000	Demo IIa	80kW	高压氢气
		FC5	-	甲醇改质
	2002	FOCUS	80kW	高压氢气
通用	1998	改款Zafira	50kW发动机	甲醇改质
	2000	HydroGen1	80kW	液体氢气
	2000	Precept FCEV	-	储氢合金
	2001	Chevrolet S-10	-	清洁汽油
	2001	Hydrogen3	129kW	液体氢气
	2002	Hy-Wire	-	无
标致	2001	Peugeot Hydro-Gen	-	高压氢气
		Peugeot Taxi PAC	-	高压氢气
雷诺	1998	改款Laguna	30kW	液体氢气
大众	2000	Bora Hymotion	30kW	液体氢气
现代	2000	Santa Fe FCV	75kW	高压氢气
巴拉德公司	1993	公共汽车	120kW	高压氢气
	1997	公共汽车	260kW	高压氢气

参考：『燃料電池のすべて』池田宏之助 编著(日本实业出版)

1 2 3

由于车内空间有限,燃料电池汽车上搭载氢气燃料罐时,必须将燃料罐做得尽量小一点。当氢气燃料罐重量较大时,车体重量增加,那么行驶时需要更大的能量,也会提高燃料费或者降低行驶效率。

除了将高压氢气填充到燃料罐中的方式之外,汽车上搭载氢气燃料的方法还有液体氢气储存方式、搭载吸收氢气分子的"储氢合金"的方法以及新型高压氢气储藏系统等。

现阶段实用性最高,也是受到多数汽车生产商青睐的是高压氢气罐的方式。一般来说,这种氢气罐中氢气的压力为 350 个大气压(35MPa),据说,最近已经有 700 个大气压(70MPa)的储氢罐闪亮登场。氢气压力大时,其氢气储存量也会变大,当气体压力变得如此之大时,理想气体定律就不能成立,压力 350 个大气压到 700 个大气压时压力虽然增加了一倍,但其氢气的储存量只能增加 0.6 倍左右。所以说,仅仅通过高压手段大幅提高氢气储存量是有限度的。后来又出现了高压氢气储存系统。这种方法通过在高压氢气罐中设置热交换器和储氢合金,达到了大大提高高压氢气罐的氢气储存容量的目的。

储存 350 个大气压以上高压氢气的储存罐一般采用拉伸强度极高的铬钼钢制成,以铝合金衬垫制成的罐体外围缠上玻璃纤维或者碳纤维,也能制造出重量轻强度高的储氢罐。

要点
CHECK!

- 大多数情况下,氢气罐中氢气的压力为350个大气压,也有压力为700个大气压的储氢罐
- 除氢气罐之外,还有液体氢气和储氢合金等氢气储存方式

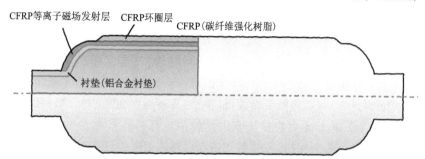

图1　高压氢气罐的构造

参考：『燃料電池のすべて』池田宏之助 编著(日本实业出版)

CFRP等离子磁场发射层　CFRP环圈层　CFRP(碳纤维强化树脂)

衬垫(铝合金衬垫)

铝合金衬垫制成的罐体上缠上玻璃纤维或者碳纤维，用树脂进行固定，能够得到重量轻，强度又高的储氢罐。现在这种方式已经成为了主流。

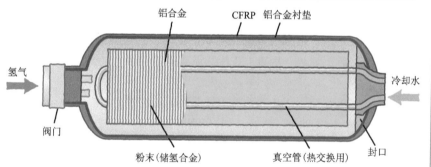

图2　高压氢气吸藏系统的构造

参考：『水素・燃料電池ハンドブック』氢燃料电池手册编辑委员会 编(OHM社)

铝合金　CFRP　铝合金衬垫

氢气

冷却水

阀门

粉末(储氢合金)　真空管(热交换用)　封口

与图1相同，中间藏有热交换器和吸氢合金。氢气的填充效率越高，构造越复杂，重量也越重。

高压罐储氢方式是最简单实用！

　　液体氢气储存方式具有能量密度高的特点，与高压氢气储存方式相比，也具有体积更加紧凑的优点。问题是，常压下将氢气变成液体状态时，必须达到−253℃的极低温度（极温）。只要温度高于−253℃，那么液态氢气就会变成气体蒸发掉。车内长时间地保持这种极低的温度非常难，即使仅仅放着不使用，液体氢气也会以每天百分之几的比例变成氢气漏掉。这种现象称为蒸发汽化。比如，去海外出差时，开燃料电池汽车去机场，然后把车停在某个地方，回国时里面的氢气恐怕已经漏光了。

　　储氢合金利用氢气在特殊金属上吸附的现象，是一种比液体氢气更加紧凑的储氢方式。氢气分子沿着金属晶格构造规则地进行排列，储氢合金中氢气的填充密度非常大，但由于金属自身的重量比较大，因此整体重量也较大。而且，把氢气吸附到金属里面时会产生热量，相反从金属中释放氢气时，需要加热。因此，车内需要准备热交换器等设备，这一做法会使系统复杂化。

　　举个例子，介绍一下丰田汽车从 2001 年开始试制的能够乘坐五人的燃料电池汽车 FCHV-3。据报道，其最高时速可达 150km/h，一次填充的氢气燃料能够行驶 300km 以上，固体高分子型燃料电池的输出功率为 90KW，但是储存氢气燃料的储氢合金的重量达到 300kg 之重，合金中储存的氢气重量只占其总重量的 2.2%。

要点
CHECK!

- 液体氢气需要极低温度，蒸发汽化成为其最大的问题
- 储氢合金较重，合金中储存的氢气重量只占其总重量的2.2%

图1　氢气在金属上吸附和释放的机理

参考：『燃料電池のすべて』池田宏之助 编著(日本实业出版)

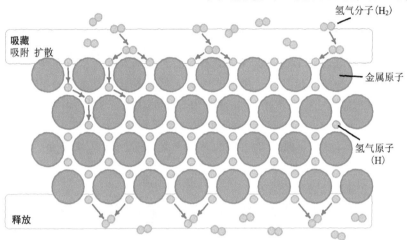

氢气分子(H₂)

吸藏
吸附　扩散

金属原子

氢气原子
(H)

释放

氢气以原子的形态保存在金属的结晶结构中

表1　汽车用氢气储存方式需要解决的问题

储存方式	课　题
高压罐	高压化虽说有限度，但是最实用
液体氢气	体积变小，但是会发生蒸发汽化
储氢合金	体积变小，但是合金的重量过大
高压储藏	必须配有热交换器，会使系统复杂化

储氢合金和液体氢气
作为汽车氢气源时，
都存在需要解决的问题！

给燃料电池汽车和以氢气为燃料的旋转活塞式发动机汽车等提供氢气的设备称为氢气加气站。提供汽油和天然气的设施习惯性地被称为加油站和燃气站,提供氢气的地方被称为氢气加气站。氢气加气站不仅指提供氢气的设施,还包括设施内产生氢气和精制氢气的过程。

2002 年,日本出现了第一个氢气加气站,到 2005 年末为止,在全日本建设了 14 个氢气加气站。每个氢气加气站都具备给汽车填充 350 个大气压压缩氢气的能力。

氢气加气站有很多种。首先,有些氢气加气站像加油站那样建设在固定场所,称为固定位置式氢气加气站,也有些氢气加气站是在没有氢气源和备用情况下使用的移动式氢气加气站。代表性的移动式氢气加气站是霞关的官厅街上承担公共汽车加气任务,被称为"压缩凝固气体输送方式"的设备,由太阳日酸公司建设投资。

其次,根据氢气来源进行分类。第一种是从钢铁业、化学工业和炼油厂等得到的氢气副产品(工业过程的副产品),可用槽车搬运和储存,用于填充汽车。第二种是利用商用电源和太阳能发电通过电解水方式制造的氢气。第三种是利用甲醇、城市燃气、石脑油、脱硫汽油、煤油等常见燃料通过改质方式生产的氢气(氢气生产装置安装在加气站内)。

要点 CHECK!

- 氢气加气站分为固定位置式氢气加气站和移动式氢气加气站
- 固定位置式氢气制造法中有改质方式和电解方式

图1 氢气加气站的建设运用情况

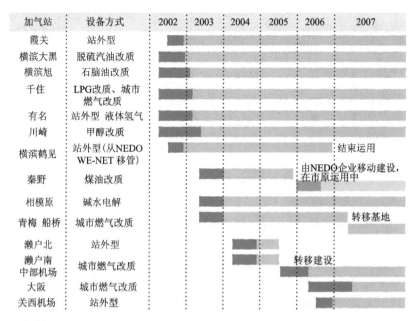

加气站	设备方式	2002	2003	2004	2005	2006	2007
霞关	站外型						
横滨大黑	脱硫汽油改质						
横滨旭	石脑油改质						
千住	LPG改质、城市燃气改质						
有名	站外型 液体氢气						
川崎	甲醇改质						
横滨鹤见	站外型(从NEDO WE-NET 移管)					结束运用	
秦野	煤油改质				由NEDO企业移动建设,在市原运用中		
相模原	碱水电解						
青梅 船桥	城市燃气改质					转移基地	
濑户北	站外型						
濑户南 中部机场	城市燃气改质				转移建设		
大阪	城市燃气改质						
关西机场	站外型						

■ :设计/建设 　　■ :运用/评价

offsite指的是,氢气加气站本身没有生产氢气的设备,运输其他场所制造的氢气用于填充的氢气加气站。

图2 使用燃料电池制造氢气的系统(第三代系统)

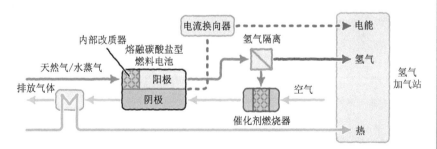

氢气加气站中安装燃料电池,与电能一起联合使用,并提供氢气的系统引起了广泛关注。

062 对燃料电池汽车中使用的氢气有什么要求

第二章所研究的家庭用固体高分子型燃料电池系统中,为避免铂金催化剂性能降低,规定了将 CO 浓度控制于 10ppm 以下的苛刻条件,然而燃料处理装置解决了这个问题。尽管燃料电池汽车中使用同样的固体高分子型燃料电池,但对氢气燃料有着非常严格的标准。

氢气的标准如表 1 所示。氢气的纯度要达到 99.99%(四个九),不仅仅是 CO,还有二氧化碳的浓度也要低于 1ppm,对水分的要求是低于 10ppm。汽车制造商们为什么会提出如此苛刻的条件呢?

从氢气罐导入汽车用燃料电池的氢气并非在电极上消耗殆尽。家庭用燃料电池中,电极上未利用的氢气,作为燃料改质装置的燃料进行再次利用,但是汽车燃料电池中,燃料电池变成了循环再利用的系统。假设氢气中含有二氧化碳等杂质,含有杂质的氢气离开燃料电池后,杂质不能在电极上被消耗,而是再一次回到燃料电池中。反复循环后,杂质的浓度越来越高,导致燃料电池的性能下降,因此需要排空所有气体进行处理。氢气是贵重的燃料,延长一次填充能够行驶的里程是以用光储氢罐内所有氢气为前提的,因此汽车用燃料电池对氢气的要求如此之苛刻。

到 2005 年为止,燃料电池汽车填充一次氢气燃料,行驶里程最高能够达到 430km。如今,氢气填充压力达到 700 个大气压时,行驶里程至少能够达到 800km。

要点
CHECK!

- 汽车用燃料电池与家用燃料电池相比,对氢气纯度的要求非常严格
- 燃料电池汽车中,电极上未利用的燃料将会被循环使用

表1　对燃料电池汽车用氢气的要求

	JHFC	ISO
氢气纯度	99.99%以上	99.99%以上
水分	10ppm以下	5ppm以下
氧气	2ppm以下	5ppm以下
氮气（含He、Ar）	50ppm以下	100ppm以下
一氧化碳（CO）	1ppm以下	0.2ppm以下
二氧化碳（CO_2）	1ppm以下	2ppm以下
总碳水化合物	1ppm以下	2ppm以下
硫化物	0.004ppm以下	0.004ppm以下
其他	—	省略

ISO （International Organization for Standardization）
国际标准化组织
JHFC （Japan Hydrogen and Fuel Cell Demonstration Project）
日本经济产业省氢气燃料电池验证项目

为了用尽燃料电池汽车上搭载的所有氢气，需要将氢气中的杂质含量降到极低。

图1　燃料气体（氢气）利用方法的比较

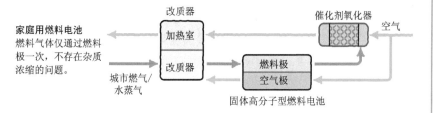

家庭用燃料电池
燃料气体仅通过燃料极一次，不存在杂质浓缩的问题。

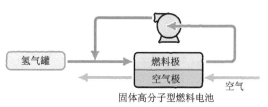

汽车用燃料电池
燃料气体反复通过燃料极，如果存在杂质，会被浓缩。

063 氢气加气站的系统组成

　　构成氢气加气站的主要装置有氢气压缩机、储气设备、分配器、填充管和安装装置等。燃料电池汽车充入 350 个大气压的高压氢气时，首先用氢气压缩机将氢气压缩到 400 个大气压左右，储藏于储气设备中。储气设备通常是把多个数百升的容器集中在一个框架中的结构。分配器是短时间内向车辆高压罐中填充氢气的装置，带有流量控制阀、压力计和流量计。法律规定安全装置需要配备安全阀、防火设备和警报设备等。氢气是容易发生泄漏且具有爆炸隐患的危险气体，为了不给工作人员和周边居民制造不安，必须配备安全装置。首先要能检测到氢气的泄漏，还要能够防止泄漏，而且氢气压缩时会产生热能，因此也有必要采取防止温度上升的手段。

　　如(062)中所述，燃料电池汽车中填充的氢气要求不含杂质，而且纯度要求非常高。氢气是由天然气和石脑油等石油制品通过改质装置制得，由于这种气体中含有多种杂质，必须采取提高纯度的手段。家庭用燃料电池的氢气消费量小，为了每个家庭都能安装改质装置，需要极力控制改质装置的体积，但是在氢气加气站就没有这种限制。氢气加气站空间大，能够处理大量的氢气，这时一般要采用高效变压吸附装置（PSA 装置），这里不进行详细介绍。变压吸附装置是利用在线吸附剂连续吸附的方式，除去氢气中所含二氧化碳、一氧化碳、水分、甲烷等各种杂质的高效且廉价的方法。

要点
CHECK!

- 氢气加气站有氢气压缩机、储气设备和衬垫等设备
- 氢气是有爆炸危险的气体，因此安全装置非常必要

图1 千住氢气加气站

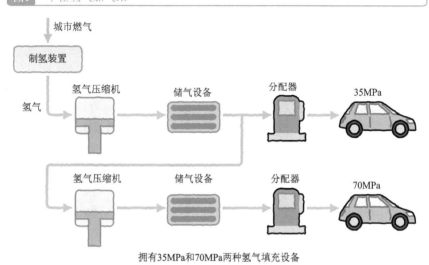

拥有35MPa和70MPa两种氢气填充设备

图2 第二代太阳能氢气加气站

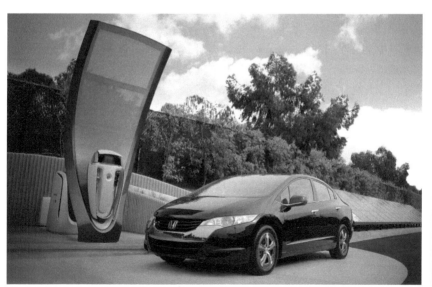

该照片是适合家庭使用的本田第二代太阳能氢气加气站，通过高压水电解过程得到氢气，不需要压缩机。电源合用太阳能电池和商用电源，8小时内能够提供0.5kg氢气，能够行驶50km。

提供：本田技研工业

　　燃料电池汽车行驶过程中，向大气排放的只有水和水蒸气，不会排放包括二氧化碳在内的对环境有害的物质。这一事实让人们对燃料电池汽车产生了浓厚的兴趣，但仅凭这些就能断定燃料电池汽车的二氧化碳排放为零吗？这个问题是最引人关注的电动汽车中也需要探讨的问题。

　　虽说燃料电池汽车和电动汽车直接排放的二氧化碳几乎为零，但是制造氢气燃料和产生电能阶段都使用了化石燃料，这个过程中排放的二氧化碳，必须计入总排放量。一般来说，氢气是以天然气等化石燃料为原料生产出来的，因此这个阶段肯定会排放二氧化碳。即使使用太阳能发电、风力发电、核能等清洁能源制备氢气，但是压缩氢气使其变成高压气体的过程也是需要使用电力。这个电力也是通过发电阶段使用化石燃料得到的。

　　从上述情况评价汽车的环境性能和能量效率（或者燃料费）时，通常分两个区间，即油井原点（Well）到汽车的燃料罐（Tank）、燃料罐（Tank）到车轮（Wheel）。按照习惯，用"W-t-T"表示前者，用"T-t-W"表示后者，指全过程（油井到车轮）时用"W-t-W"表示。当表示效率时，用 W-t-T 表示燃料效率、用 T-t-W 表示车辆效率，用 W-t-W 表示综合效率。

　　表1对燃料电池汽车（FCV）和电动汽车（EV）的综合效率与二氧化碳排放量分别进行了比较。

要点 CHECK!
- 燃料电池汽车虽然在行驶时不排放二氧化碳，但在氢气的制造过程中排放二氧化碳
- 用"W-t-W"表示汽车的环境性能与能量效率

表1　燃料电池汽车与电动汽车的比较

出处：荻野法一「電動車両の開発状況と将来展望講演資料集」2009年9月4日

项　目		EV（电力）	FCV（氢气）
综合效率（Well-to-Wheel）		0.94MJ/km	0.99MJ/km
CO$_2$排放量（Well-to-Wheel）		49.0g/km	58.2g/km
汽车	续航距离	100~200km	350~700km
	补充燃料时间	数小时	数分钟
基础设施	燃料输送	电力网络	氢气运输车
	供给站	投资小	投资大

即使是电动汽车和燃料电池汽车，也不能片面地说其二氧化碳排放量为零哦！

名词解释

W–t–T(Well to Tank)→油井原点到燃料罐
T–t–W(Tank to Wheel)→燃料罐到车轮
W–t–W(Well to Wheel)→油井原点到车轮

065 氢气的危险性
关于燃料电池汽车安全性能的考虑

　　汽车的安全性理所当然非常重要。燃料电池汽车使用的燃料是爆炸危险性非常高的高压氢气，并且使用电器时也会有触电的危险。氢气与空气的混合物在较广的混合比例范围内都能燃烧，且燃烧时所需能量较低（点火能量），因此可以认为氢气是危险的气体。但是，氢气比空气轻，即使泄漏也会瞬间扩散，所以也有安全的一面。即使是停在地下停车场或者车库里的汽车发生氢气泄漏，如果能够及时换气，氢气通过爆炸带来较大危险的可能性反而比汽油和丙烷要低。

　　总的来说，确保氢气安全性时需要注意的要点是❶不让氢气发生泄漏❷氢气发生泄漏时，快速检测到泄漏位置，并切断氢气流❸发生泄漏时，不要滞留氢气❹防止外部氢气的入侵。

　　但是，汽车是高速移动的物体，因此有可能发生突发事故，比如在隧道中有卷入火灾的危险。根据日本的国家政策，日本汽车研究所的研究者进行了模拟实验。假设遭到突发情况和火灾的情况下，燃料电池、燃料罐、氢气配管都发生氢气泄漏时，探讨和研究其中哪个的危险性更高。这种情况下，由于燃料是氢气，哪个的危险性会更大呢？由于高压氢气罐上设置了安全阀，被火焰包住十分钟左右时安全阀会打开，容器内的氢气也会被释放出来，因此得到的结论是使用高压氢气罐的燃料电池汽车的危险性与汽油汽车和天然气汽车相比，没有太大的差别。

要点 CHECK!

- 氢气是危险的气体，但是氢气的扩散很快
- 如果检测到氢气泄漏，需要做的第一件事就是换气

图1 压缩天然气汽车用燃料罐的试验内容

参考：『図解 燃料電池のすべて』本间琢也 监修(工业调查会)

试验项目	试验目的
常温压力循环试验	相当于15年压力循环(11 250次)的耐久性评价
环境试验	设想汽车的使用环境，有汽油、酸、碱等的环境下，−40℃、常温、82℃时的耐压循环试验
破裂实验	评价容器的最小破坏压力
最小厚度试验	强化层发生允许的破损时，相当于15年压力循环的耐久性评价
下落试验	确认能够充分忍耐车辆装备操作的冲击引起的容器破损
火灾暴露试验	假设车辆着火时，确认容器没有破损时气体能够通过安全阀进行释放
加速应力试验	车辆使用环境温度为设定的上限温度（85℃）时，评价纤维强化层的蠕变耐性
贯穿试验	容器受到子弹的冲击时，确认容器不会破裂，气体能够通过安全阀进行释放
气体透过试验	只有Type 4容器适用。气体透过率≤0.25cm³/h
气体循环试验	只有Type 4容器适用。最高填充压力时能循环1000次（1次/1h）

CNGV：天然气汽车
上表所示为对应天然气汽车的试验，使用氢气的燃料电池汽车的情况时，还必须要进行以下的试验。
① 快速填充氢气时氢气温度的变化
② 氢气容器材料的气体透过性
③ 氢气容器材料的氢气脆化
Type 4 容器是高密度聚乙烯制成的、衬垫全部用碳纤维或玻璃纤维强化塑料进行强化的容器。

虽然燃料电池汽车带有高压氢气罐，但其危险性与现在的汽车差不多！

1994 年,德国戴姆勒公司(当时称为戴姆勒奔驰公司)制造了世界上第一个以固体高分子型燃料电池为动力的汽车。这是一个厢车,载货台面上装载了 800kg 的燃料电池和高压氢气钢瓶,与其说这是汽车,倒不如说是燃料电池搬运车。即便如此,全世界都知道了戴姆勒公司以燃料电池作汽车动力源的事情,因此这件事情具有了划时代的意义,作为世界上第一个燃料电池汽车在燃料电池和汽车的历史上口口相传下去。

戴姆勒公司给这个汽车起名为 NECAR1。可是,作为燃料电池汽车历史上实用车的先例要数该公司于 1996 年制造的 NECAR2。NECAR2 的氢气钢瓶设置在车顶上,以巴拉德公司(Ballard Power Systems)制造的小型固体高分子型燃料电池作为动力源,同时车内保证了 6 人的乘坐空间。

日本也在秘密地进行着燃料电池汽车的开发研究。1996 年,日本丰田汽车制造了将氢气燃料储藏于储氢合金中的燃料电池汽车,配合同年召开的电动车国际会议,在大阪御堂筋进行了燃料电池汽车大巡游。不仅是丰田公司,日产、马自达、大发等汽车制造商,到 1999 年时都分别制造出了储氢合金燃料电池汽车和以氢气为燃料的甲醇改质型燃料电池汽车。

这些创造性事件使人们对燃料电池汽车的期待迅速高涨,世界各个发达工业国家也都加速进行燃料电池汽车的开发活动。进入新世纪之后的 2002 年,本田和丰田制造的燃料电池汽车开始了租赁和发售,这一年,日本正式开始了国家燃料电池汽车运转验证项目。

要点 CHECK!
- 1994年,世界上第一个燃料电池汽车诞生
- 2002年,日本开始了国家燃料电池汽车运转验证项目

图1 戴姆勒公司制造的燃料电池汽车

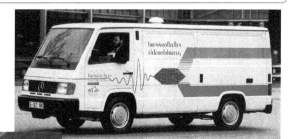

提供：梅赛德斯奔驰日本公司

提供：梅赛德斯奔驰日本公司

图2 梅赛德斯奔驰 spinter base

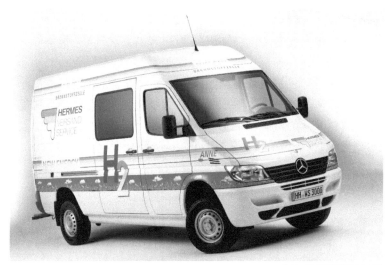

提供：梅赛德斯奔驰日本公司

燃料电池汽车普及需要克服的难题

　　燃料电池汽车进行大范围普及，必须要克服两个难题。其一是确保耐久性，另一个难题是降低成本。燃料电池汽车的耐久性目标是 5000 小时，与家庭用燃料电池十年的使用时间，或者与实际工作的 4 万小时相比，也许大家会认为 5000 小时的耐久性很容易达到，但是作为汽车，其启动和停止的次数多，而且负荷（输出功率）变动也较大，所以说条件非常苛刻。燃料电池汽车成本降低的问题与家庭用燃料电池是相同的，但是价格至少要比现在降低两个数量级才行。降低成本以批量生产为必要条件，为进行量产，有必要通过降低成本进行普及。所以，成本与量产的关系可以说是鸡和鸡蛋的关系（如图 1 所示）。

　　上述问题是新技术诞生时经常议论的问题，燃料电池汽车还有一个棘手的鸡和鸡蛋的问题。那就是燃料电池汽车与氢气基础设施之间的关系。如果没有广泛分布的氢气加气站，驾驶者就不能安心地行驶较长距离，反过来从氢气加气站的角度考虑，如果燃料电池汽车得不到普及，加气站就没有营业利润，氢气加气站的普及也就无法顺利进行。而且，现在氢气加气站的投资成本是汽油加气站的三倍以上，所以营业条件成立的形势非常严峻。

　　这种不受鸡和鸡蛋关系限制的系统被称为车队，这是一种汽车运用方式。车队原来是指一个舰队或者公司等所拥有的全部车辆，这里指的车队意味着所有者的所有车辆都在某个区域运用的方式，比如邮政和宅急送的配送车、机场内的接送乘客用的中客车和出租车等。

- 燃料电池汽车普及需要克服耐久性和成本两个难题
- 燃料电池汽车和氢气基础设施陷入了两难的窘境

图1　鸡与鸡蛋

没有产量时成本降不下来　⟷　要达到量产的规模，必须得把价格压下来

没有氢气加气站，因此没有人买燃料电池汽车。　⟷　由于没有燃料电池汽车，所以没有人使用氢气加气站。

图2　配送服务车

配送服务车在限定的地域内提供配送服务，因此至少有一家氢气加气站。

提供：梅赛德斯奔驰日本公司

　　燃料电池作为移动体动力源,其使用范围不仅限于汽车。起初,燃料电池用在船舶、潜水艇、火车、公共汽车和卡车上,后来在自行车、脚踏车、轮椅、高尔夫车和铲车上也得到了应用,目前正在考虑飞机上的应用。移动体上使用的燃料电池大部分都采用固体高分子型燃料电池,但小巧轻便、工作温度低的甲醇燃料电池也是有力的候补之一。

　　各种移动体中,特别需要褒奖获得杰出成绩的燃料电池公共汽车。从 2003 年 8 月到 2004 年 12 月为止,燃料电池大型客运公共汽车作为东京市路线的公共汽车执行运输任务。2005 年召开的爱知万博会(日本国际博览会)上,8 台燃料电池公共汽车来回行驶于从长久手到濑户会场的 4.4km 路程,运送到场宾客,国际博览会的会场还设置了两座氢气加气站为公共汽车提供填充氢气服务。

　　举个非常有趣且用途特殊的实例,介绍一下已经实用化的固体高分子型燃料电池驱动无人潜水艇。由海洋研究开发机构开发用于深海调查活动中的无人深海巡航探查机于 2005 年 2 月在海中成功地自动行驶 317km。由于海中不能利用空气,无人调查潜水艇的机身上储存氢气和氧气,通过氢气与氧气的反应发电。就是说,深海中的环境与宇宙空间是一样的,没有空气,由于船内不能取用含氧气的空气,因此船上储存燃料的同时,还必须储存氧气。与地面上行驶完全不同的是,深海环境压力很大,因此反应生成的水不能向外部排放,必须储存在放置燃料电池的耐压容器内。世界上第一个深海探查机上搭载了闭锁式燃料电池,这种燃料电池的特点是能够再利用未反应的氢气和氧气^(注)。

要点 CHECK!

- 燃料电池也可用于公共汽车、船舶和铲车
- 燃料电池驱动无人驾驶深海探查机诞生

注：参考『深海巡航探査機のエネルギー源』月冈哲 著(燃料電池,Vol6,No.4,2007,pp6-11

图1　深海巡航探查机 "浦岛"

提供：独立行政法人海洋研究开发机构

图2　"浦岛" 的燃料电池搭载情况

提供：独立行政法人海洋研究开发机构

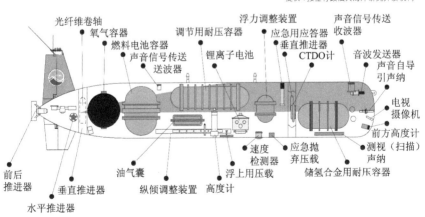

环境问题越来越受到人们的关注。目前,在环境保护观念的引导和政府奖励政策的扶持下,混合动力汽车等环保车的销售正在急速地扩大。然而,地球变暖是全球性的社会问题,不是那么容易就能解决的,因此可以确定未来的汽车会向环保型汽车发展。

从 20 世纪 90 年代的后 5 年到 2007 年之间,燃料电池汽车一直被认为是终极环保车,那时,全世界都对燃料电池汽车的实现和普及抱有很高的期待。但最近,锂离子电池得到了迅速的发展,其单位体积能量密度也大大提高,据预测今后还将进一步提高,因此,人们开始关注电动汽车和外插充电式混合动力汽车。如(064)中所述,在能量效率(燃费)和二氧化碳排放量方面,电动汽车的表现在所有类型的汽车中最优秀。但电动汽车存在的问题是,一次充电能够行驶的里程充其量 200km 左右,且充电时间也较长。

一方面,燃料的革新也在如火如荼地进行。作为可再生能源的生物乙醇和生物柴油的生产技术进一步升级,实现了成本的降低,目前其成本可与汽油相竞争。现在已经开始进行汽油和轻质油中混入生物质能源的验证试验研究。

由于技术进步和社会形势的变化,燃料电池推进协会等政府机关的研究委员会得出结论,燃料电池汽车的普及期将从当初设想的 2010 年推迟到 2015 年之后。

燃料电池汽车作为氢气能源社会的关键技术,其成败将对汽车以及社会体系的未来走向产生巨大的影响。

要点
CHECK!

- 未来的汽车会向环保型汽车发展,尤其是电动汽车越来越受到人们的关注
- 根据预测,燃料电池汽车的普及将在2015年之后

图1　从今以后汽车将如何进化

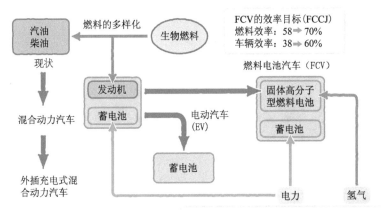

向环境友好燃料以及驱动机构的进化

表1　环保车性能比较

	代表车种 （车辆价格）	汽油费和电费 （单位：日元/km）	二氧化碳排放量 （单位：g/km）
汽油汽车	铃木 wagon（104万4750日元）	5.7	105
混合动力汽车	本田 insight（189万日元）	4.9	89
	丰田 普锐斯（205万日元）	3.9	71
外插充电式混 合动力汽车	丰田普锐斯外插充电式混合动力 汽车（计划每台为200万日元）	2.2	41
电动汽车	三菱汽车i-MiEV （459万9000日元）	1	0

　　二氧化碳排放气体量根据Tank to Wheel计算，电费计算是算作夜间电力是
外插充电式混合动力汽车"PHV燃费"价格最便宜的模型。

COLUMN

汽车用燃料电池是小型固体高分子型燃料电池

　　输出功率密度高、体型小巧的固体高分子型燃料电池诞生之后,用燃料电池作汽车动力源的梦想得到了大大的膨胀。戴姆勒奔驰公司于1994年试制世界上第一个搭载高压氢气的燃料电池汽车 NECAR1 以来,这种潮流就如同惊涛骇浪,流向世界各地,活跃了世界各国的燃料电池汽车开发活动。从1996年丰田发布搭载储氢合金的燃料电池汽车到1999年间,日本的马自达、大发、日产、本田等汽车制造商都分别试制了自己的燃料电池汽车。

　　燃料电池汽车以氢气为燃料,因此氢气的搭载方式是最重要的问题。氢气在常温下呈气体状态,与汽油和轻质油等液体燃料完全不同,氢气的体积能量密度不超过天然气的1/3。当初研究过的氢气储存方式有改质汽油和甲醇等液体燃料的方法、液体氢气和储氢合金等,但是无论是哪种储存方式,都有难以克服的困难。现在,主流的氢气储存方式是搭载350到700个大气压的高压氢气罐。通常,氢气加气站生产氢气,将其提纯到99.99％之后自动填充到燃料电池汽车上。

　　燃料电池汽车行驶时几乎不排放 CO_2 等有害气体,但氢气的生成、运输和压缩过程中确实排放 CO_2 气体。因此,探讨能量效率和 CO_2 排放量的问题时,有必要采用油井到车轮的评价方式进行评价。

　　预计21世纪初的2020年左右燃料电车汽车将得到广泛的普及,配备完善的氢气基础设施,在家庭和事务所也能安装多个燃料电池,这是我们预想中的氢气社会。但,如今电动汽车比燃料电池汽车先行进行了实用化和普及,因此氢气能源社会的实现恐怕还有待时日。

第 5 章

支持信息化社会的便携式
设备用电源

通常，手机和笔记本电脑的电源都采用充电电池，
但如果把它们换成不用充电的燃料电池，便利性将会
大大提高。由于甲醇燃料电池不需要改质器，因此有
可能做出适用于手机和笔记本电脑的小型燃料电池。

070 固体高分子型燃料电池与甲醇燃料电池性能的差异

　　甲醇燃料电池作为便携式设备电源而备受瞩目,下面将甲醇燃料电池的性能与固体高分子型燃料电池做个比较。甲醇燃料电池的电解质采用固体高分子膜,工作温度在常温到 90℃ 之间,基本上,甲醇燃料电池的性能和构造与固体高分子型燃料电池非常相似。

　　甲醇燃料电池最大的优点是不需要改质器,因此容易实现小型化和轻便化。但甲醇燃料电池的不足之处在于,其输出功率和发电效率均低于固体高分子型燃料电池。这会引起两种现象。甲醇与氢气相比属于较难氧化的物质,甲醇燃料极(阳极)上发生氧化反应时需要消耗能量。其结果是,开路电压(电流为零时的电压:电极间的电位差)达到 1V 左右时,与固体高分子型燃料电池没什么区别,但有电流流动时,电压会急剧下降。这就意味着负极电位的上升。电能是电压与电流的乘积,因此这种现象就可以解释为能量的损失,确切地说,意味着反应活化能引起的电压损失较大。

　　为缓和活性化分级,使用电极催化剂。固体高分子型燃料电池中,用氢气作燃料时,一般用铂金作电极催化剂。但是用改质气体作燃料时,由于其中混入的 CO 气体会使铂金催化剂发生老化,要用添加钌的铂金作催化剂。甲醇燃料电池不存在从外部混入 CO 气体的问题,但甲醇的氧化过程中,CO 气体作为副产品产生,因此也用添加钌的铂金作燃料极的催化剂。

要点 CHECK!
- 甲醇燃料电池不需要改质器,因此容易实现小型化和轻便化
- 有电流流动时,电压会急剧下降,因此甲醇燃料电池的输出功率密度低于固体高分子型燃料电池

图1 甲醇燃料电池的系统构成

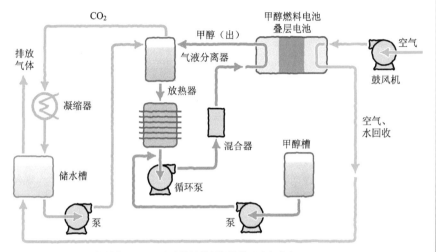

甲醇燃料电池(DMFC)直接给燃料极提供甲醇水溶液，因此不需要改质器。除此之外，液体燃料更便于携带，易于实现小型化，因此能作为便携式设备的电源使用。

参考：『燃料電池のすべて』池田宏之助 编著(日本实业出版)

图2 甲醇燃料电池的单电池性能

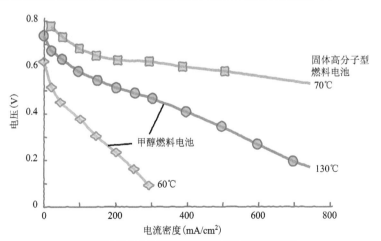

甲醇燃料电池单电池的性能低于固体高分子型燃料电池。

071 什么是甲醇渗透现象

　　甲醇燃料电池的性能稍逊于固体高分子型燃料电池的原因在于燃料极上的能量损失和甲醇渗透现象。那么,什么是甲醇渗透现象? 导入燃料极的甲醇并非全部发生反应,其中一部分甲醇通过电解质膜直接到达空气极(阴极)。这种现象被称为甲醇的渗透现象。

　　甲醇发生渗透现象时,通过电解质膜到达空气极的甲醇直接与氧气发生反应(燃烧),产生水和二氧化碳。上面所述的现象与下面这些现象共同作用,直接导致了甲醇燃料电池发电性能的降低。甲醇的浪费会降低燃料电池发电量。另一个重要的原因是,为得到较大的电流输出,增加甲醇供应量时,由于渗透的甲醇消耗氧气导致电极反应所必需的氧气浓度不足,因此空气极的电位(电压)下降,或者电压相同的情况下电流值下降。

　　引起甲醇渗透现象的原因在于电解质膜中的水分。如固体高分子型燃料电池那一节所述,现在使用的氟系高分子膜利用水分子簇合物输送氢离子,因此含有大量水分。由于甲醇易溶于水,甲醇分子能与水分子一起在电解质膜中移动。尽管甲醇分子比水分子稍大一些,用选择性透过膜进行筛选,也没那么容易。避免上述现象的第一种方法是降低燃料极上甲醇浓度。另一种方法是开发出一种能够抑制甲醇渗透的电解质膜,下节解释与此相关的内容。

要点
CHECK!
- 与固体高分子型燃料电池相比, 甲醇燃料电池燃料极的电压下降较大
- 甲醇渗透现象会导致甲醇燃料电池发电性能降低

图1 甲醇渗透现象的原理

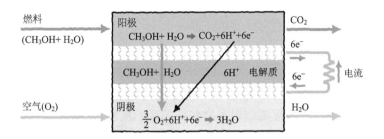

甲醇渗透现象

甲醇燃料电极的发电反应原理图如(026)所示,燃料极(阳极)上提供甲醇(CH_3OH)和水(H_2O)时,生成氢离子(H^+),氢离子通过电解质膜向空气极(阴极)移动,与氧气进行反应,这时通过电解质膜的不仅仅是氢离子,还有水和一部分甲醇。其结果引起单电池电位的下降和燃料的损失。氢离子在电解质膜中伴随着水分子移动。

图2 甲醇浓度与单电池电压

参考:『水素・燃料電池ハンドブック』氢燃料电池手册编辑委员会 编(OHM社)

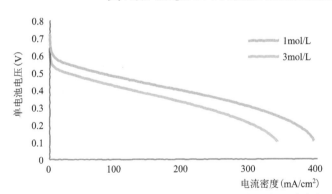

甲醇浓度提高时,电池的电压也会降低。这是因为受到了甲醇渗透现象的影响。

虽然甲醇燃料电池不需要改质器,但是甲醇渗透现象也很伤脑筋啊!

　　提高甲醇燃料电池的性能,减少燃料极(阳极)的电压损失,需要抑制甲醇渗透现象的发生。目前,抑制甲醇渗透现象已经成为重要的研究课题。虽然提高工作温度能够促进燃料极的化学反应,在解决燃料极问题方面有一定效果,但考虑到膜的耐热性和作为便携式设备电源的便利性,温度的提高也是有限度的。甲醇燃料电池中铂金催化剂(添加钌)的使用量是固体高分子型燃料电池的几倍,这样一来会增加甲醇燃料电池的成本,为此目前正在开发能够代替铂金的高性能催化剂。

　　抑制甲醇渗透现象是甲醇燃料电池实用化中最关键的技术,因此目前诸多的研究机构和企业都在进行这方面的课题研究。现在主要有两种处理方法可以考虑。一种方法是,通过运转条件的适宜化,把甲醇渗透量降到最低。另一个方法是开发出能够阻止甲醇渗透现象的新型电解质膜。这里,我们主要考虑第一种方法。

　　燃料极的甲醇浓度较高时,电流流动会增加甲醇的渗透量,这是氢离子跟随甲醇移动所致。这种现象与甲醇的扩散不同,被称为电渗透现象。降低燃料极的甲醇浓度时,由电流流动产生的甲醇渗透量就会减少。所以,通过很好地控制燃料浓度和电流值,能够降低甲醇的渗透量。

- 与高分子型燃料电池相比,甲醇燃料电池使用更多的添加钌的铂金催化剂
- 通过调节燃料浓度和电流值就能抑制甲醇的渗透量

图1 温度对甲醇燃料电池性能的影响

参考:『水素・燃料電池ハンドブック』氢燃料电池手册编辑委员会 编(OHM社)

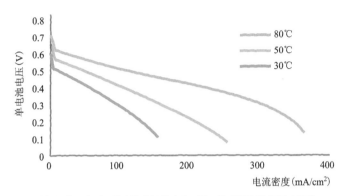

降低运转温度时,单电池的性能也会下降,这是因为温度低时甲醇很难发生反应。

图2 甲醇燃料电池的高性能化

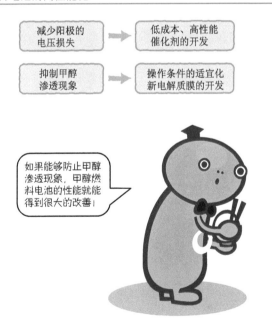

目前,正在开发三种能够抑制甲醇渗透现象的新型电解质膜。第一种是,对固体高分子型燃料电池中电解质膜的分子结构进行改良后得到的改良型氟系高分子膜。第二种是高温工作型碳氢化合物系高分子膜。第三种是具有新型结构的细孔填充膜。

改良型氟系高分子膜中,氢离子和水分子也能像以前一样通过,但为了抑制甲醇渗透现象,对高分子膜的分子结构进行了改良。报告称改良型高分子膜能将甲醇渗透量降低一个数量级。

与改良型氟系高分子膜相比,以碳水化合物为基础的碳水化合物系高分子膜与甲醇分子的亲和性较差,能够很好地抑制甲醇的渗透。比如,具有高结晶性的聚酰亚胺电解质膜中,不仅氢气的传导性高,而且电解质膜中甲醇的渗透量也比氟系膜低一个数量级。

细孔填充膜也可以说是碳水化合物膜的一种,这种细孔填充膜通过耐热性能和化学稳定性卓越的多孔质材料基板(矩阵)中填充高分子电解质而制成。通过改变构成基质的基材和填充网眼的电解质的组合方式,可以制造出各种膜材料。这种类型的电解质膜在高浓度的甲醇溶液中也不会发生膨润现象,因此能够很好地抑制甲醇的渗透现象。顺便提一下,这里所说的膨润现象是指,放入水中的干燥米饭吸收水分而膨胀软化的现象。

要点 CHECK!
- 能够抑制甲醇渗透现象的新型电解质膜的出现备受期待
- 目前,正在开发改良型氟系高分子膜、碳氢化合物系高分子膜和细孔填充膜

图1 努力开发新型电解质膜

改良型氟系高分子膜	通过对分子结构进行改良,抑制甲醇分子的渗透性,将甲醇渗透量降低一个数量级。
碳氢化合物高分子膜	聚酰亚胺系高分子膜与甲醇分子的亲和性差,这种高分子膜将甲醇渗透量降低一个数量级以上。
细孔填充膜	用高分子电解质填充性能稳定的多孔质基板得到的细孔填充膜,在高浓度甲醇中也不会发生膨润现象,能够有效抑制甲醇渗透现象。

图2 寻求新型电解质膜

基础特性的改善	制造技术之外的改善
高温工作型(100℃以上) 低温工作型(-40℃为止) 含水率的降低 耐久性的提高(5万小时)	成本降低 改善与电极的连接性 废弃问题上的改善

图3 新型电解质膜开发的方向

参考:『図解 燃料電池のすべて』本间琢也 监修(工业调查会)

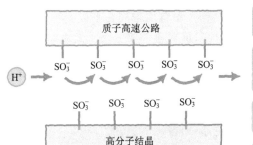

质子高速公路

SO_3^- SO_3^- SO_3^- SO_3^- SO_3^-

H^+ →

SO_3^- SO_3^- SO_3^- SO_3^-

高分子结晶

❶ 碳氢化合物系高分子
(低成本、易于废弃)

❷ 立体规则性高分子
(磺酸基规则排列
=形成质子高速公路)

❸ 结晶性高分子
(耐氧化老化性能卓越)

❹ 乙烯基系高分子
(耐化学品性能卓越)

❺ 含苯环的高分子
(电极连接性良好)

❻ 形成IPN
(温度和机械特性的提高)

名词解释

IPN(Interpenetraing Polymer Metwork)→互穿聚合物网络结构

074 作为移动终端电源的甲醇燃料电池系统的结构

作为移动终端电源的甲醇燃料电池系统可分为被动型和主动型两种。主动型利用泵或者鼓风机等设备,强制性地给燃料电池提供甲醇水溶液燃料和空气氧化剂的方式;被动型不使用动力设备,燃料电池自然而然地取用燃料和氧化剂的方式。燃料和氧化剂的取用方式上,主动型和被动型有很大的差异。

被动型系统的结构如图 1 所示。装满甲醇水溶液的立方体燃料槽表面安装几个燃料电池单电池,这就是被动型系统的结构。具体安装方法是,将单电池的燃料极(阳极)安装在与燃料槽表面相切的方向上,燃料极与燃料槽表面中间设置了向燃料电池单电池输送燃料的阳极狭缝。燃料极的外侧是电解质膜,电解质膜的外侧是叠层空气极(阴极),空气极被安装在接触空气的那一侧,为方便单电池取用空气,特地设置了阴极狭缝。

被动型系统通过毛细管现象给单电池提供甲醇水溶液燃料,空气通过扩散进入空气极。家庭用燃料电池和汽车用燃料电池都是多个单电池叠层的结构,这种叠层装置的系统结构是单电池排列在平面上。

燃料罐中的甲醇水溶液浓度越高,能量密度就越大,发电量也会增加,但是如前所述,如果甲醇浓度过高,会发生甲醇渗透现象导致输出功率降低,因此应在两者之间进行权衡,选择最适宜的甲醇浓度。

要点 CHECK!

- 用于移动设备电源的甲醇燃料电池系统有被动型和主动型两种
- 被动型系统通过毛细管现象给单电池提供甲醇水溶液燃料

图1 | 甲醇燃料电池（被动型）的结构

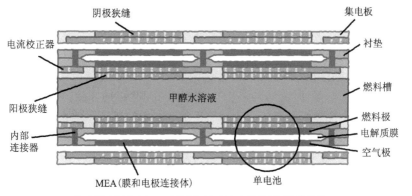

阴极狭缝　　　　　　　　　　　　集电板

电流校正器　　　　　　　　　　　　衬垫

阳极狭缝　　　　　　甲醇水溶液　　　燃料槽

内部　　　　　　　　　　　　　　燃料极
连接器　　　　　　　　　　　　　电解质膜
　　　　　　　　　　　　　　　　空气极

MEA（膜和电极连接体）　　　单电池

被动型不使用动力，而是通过毛细管现象给燃料极提供燃料。

图2 | 平面型叠层电池的概念

参考：『図解　燃料電池のすべて』本间琢也 监修(工业调查会)

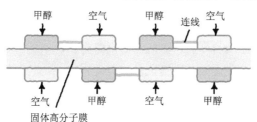

甲醇　　　空气　　　甲醇　　连线　空气

固体高分子膜

空气　　　甲醇　　　空气　　　甲醇

不进行叠层，而是通过串联平面上的多个单电池制造出
叠层装置。

被动型不使用动力，
而是利用毛细管现
象和扩散提供燃料
和空气！

075 如何选择主动型和被动型甲醇燃料电池

　　虽然用于移动终端的主动型甲醇燃料电池系统的输出功率级别从数瓦到数十瓦不等,但其结构与输出功率为 1KW 级的家庭用固体高分子型燃料电池系统非常相近。主动型甲醇燃料电池系统主要由单电池的主要部分膜和电极连接体(MEA)、燃料极、空气极扩散层、分离器、燃料系统和氧化剂(空气)系统组成。

　　膜和电极结合体插在电解质膜中,它们是构成燃料极和空气极一体化结构的部件,分离器在电极扩散层上分配并提供甲醇水溶液燃料和空气。燃料系统包含燃料槽、向燃料循环系统提供燃料的泵以及从燃料极上未反应的燃料中分离二氧化碳并排到系统外部的装置。未反应的甲醇经过回收后再一次回到燃料槽。已经理解固体高分子型燃料电池的系统和操作原理的读者应该能够很容易把握以上关于系统操作的内容。

　　由于主动型系统中,泵等辅助设备也需要消耗电能,因此降低净发电能力和发电效率,叠层单电池形成的三维结构使系统变得更加紧凑。除此之外,通过燃料槽中注入高浓度的甲醇水溶液,燃料极上循环供应从空气极排出的水,能够控制燃料极上的甲醇浓度,因此燃料槽的能量储藏密度就能保持在较高的水平。

　　作为手机电源时,使用简单且无杂音的被动型系统更为有利。但另一方面,主动型系统更适合用于便携式电源和笔记本电脑电源等耗电量较大的电源。

要点
CHECK!

- 主动型系统的结构与家庭用固体高分子型燃料电池相似
- 被动型适用于手机,主动型适用于笔记本电脑等

图1　主动型系统的结构

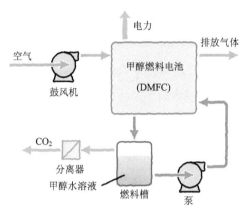

电力

排放气体

空气

鼓风机

甲醇燃料电池
(DMFC)

CO_2

分离器

甲醇水溶液

燃料槽

泵

燃料不需要进行改质，系统构成就变得更简单。

图2　甲醇燃料电池单电池的构成要素

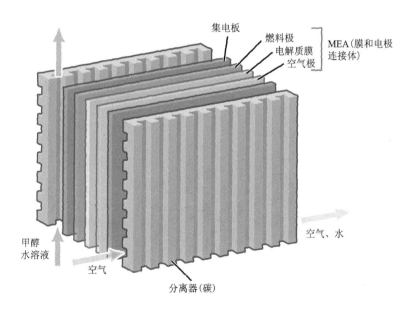

集电板

燃料极
电解质膜
空气极

MEA（膜和电极
连接体）

空气、水

甲醇
水溶液

空气

分离器(碳)

076 用于移动信息终端的固体高分子型燃料电池目前正在试制阶段

　　众所周知,固体高分子型燃料电池的发电性能比甲醇燃料电池高,一直以来,人们都在尝试将固体高分子型燃料电池用于移动信息终端电源。但是,体积较小的容器中保存大量氢气绝非易事,因此甲醇燃料电池一直占据着主流的位置。到目前为止,研究的试制系统有使用氢硼化钠的氢气储藏方式和微型甲醇改质器的方式。

　　硼氢化物中氢的含量较大,比如按重量计算,氢硼化钠的氢含量达到10.6％,一直以来氢硼化钠作为氢气储藏物质备受瞩目。常温下,氢硼化钠在催化剂作用下能与水发生反应生成氢气,且不具有挥发性,在干燥空气和碱性溶液中性质非常稳定。由于氢硼化钠能作为直接燃料电池的燃料,人们试制了直接硼氢化物燃料电池。上述反应产生氢气的同时,还会产生含有氧化硼钠的废液,通过再生把这种废液变成原来的物质需要很大的能量,因此从能量效率的观点来看,这种做法是有问题的。

　　利用半导体工学领域中发达的 MEMS 微加工技术,卡西欧公司开发出了微型甲醇改质器。微型甲醇改质器的硅晶片上设置了填充改质催化剂的微细通道。微型改质器中使用铜/锌系催化剂在 280℃ 时以 98％ 的高效率从甲醇中成功提取了氢气。

要点
CHECK!

- 目前, 正在进行将固体高分子型燃料电池用于移动信息终端电源的尝试
- 试制成功了硼氢化物燃料电池和微型甲醇改质器

图1 直接硼氢化物燃料电池的发电反应原理

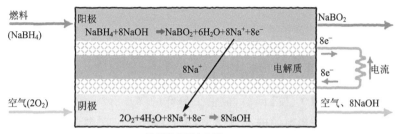

使用阳离子交换膜

图2 甲醇改质实例

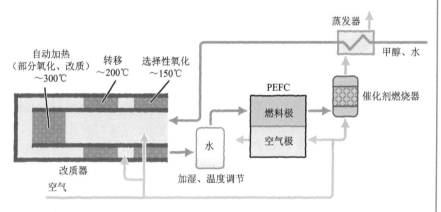

甲醇的改质温度要比天然气低得多,尽管如此,用于便携式设备时,甲醇的改质温度也不能称之为低。

名词解释

MEMS→即微电子机械系统。应用半导体制造技术制造,由微小零件组成的微电子机械系统。

077 用于移动信息终端的甲醇燃料电池的开发历史

20 世纪 80 年代,日立制作所等日本制造商进行了甲醇燃料电池的开发研究,试图将甲醇燃料电池用于车载电源和便携式电源。但当时,由于电解质膜的耐久性等问题,放慢了研究的脚步。2000 年,美国摩托罗拉公司发布了手机电源的实体模型,这一事件再一次燃起了日本制造商们的开发欲望。

这个时期,锂离子电池闪亮登场,并且形成较大的手机市场,但随着时间的推移,手机的功能越来越多样化,也带来了手机耗电量急剧增加的问题。为寻求能量密度更高的手机电源,比锂离子电池能量密度更高的甲醇燃料电池被寄予了厚望。甲醇燃料电池的单位体积能量密度能够达到锂离子电池的 10 倍左右,即使将燃料电池的零件和容器等考虑在内,甲醇燃料电池的能量密度也能达到锂离子电池的 3.5 倍左右。

2002 年 11 月,在美国棕榈泉召开的燃料电池研讨会上,题为"便携式燃料电池的展望"的演讲中提到"2004 年时,这种便携式燃料电池仅仅勉强出现在市场上,但是随后急剧扩张势力,在 2008 年时会达到 2 亿单位的市场规模",但是事实并不像预测的那样。前面谈到的燃料电池汽车也是同样的情况,实现燃料电池的普及,需要克服难以预料的大障碍。

要点 CHECK!
- 2000年,摩托罗拉公司发布了手机用电源的实体模型
- 与锂离子电池相比,甲醇燃料电池具有更高的能量密度

图1 燃料电池与充电电池的比较

参考：『図解　燃料電池のすべて』本間琢也 監修(工業調査会)

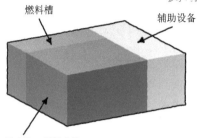

燃料槽

辅助设备

单电池、叠层电池

单电池、叠层电池：决定输出功率
燃料槽：决定驱动时间
辅助设备：泵、循环系统等

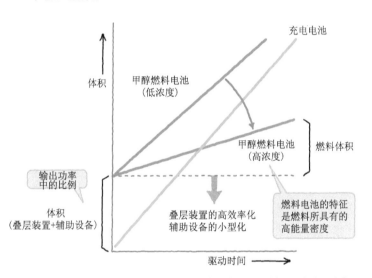

充电电池

体积

甲醇燃料电池
（低浓度）

甲醇燃料电池
（高浓度）

燃料体积

输出功率
中的比例

体积
（叠层装置+辅助设备）

叠层装置的高效率化
辅助设备的小型化

燃料电池的特征
是燃料所具有的
高能量密度

驱动时间 ——→

驱动时间长时，燃料电池的体积比充电电池小。但这时有必要提高甲醇水
溶液的浓度。

便携式设备的体积相同
时，燃料电池的续航时
间比充电电池更长！

078 甲醇燃料电池广泛普及所需要解决的问题

　　设想不一定都能成为现实，但如果当初移动终端用甲醇燃料电池得到普及，那么今天我们在便利店和报刊摊就能够轻松买到封存甲醇燃料的盒子，这样的社会环境我们只能想象。想象一下这甲醇燃料容器像打火机一样横躺在家里的情景。

　　要知道，甲醇的沸点低至65℃，具有挥发性且燃点也很低（12℃），甲醇作为易燃性气体受到消防法的限制。甲醇与酒的主要成分乙醇同为醇类，但甲醇与乙醇有所不同的是，甲醇具有很强的毒性。由于甲醇的上述性质，根据国际上的规定，禁止在机舱内携带甲醇燃料。

　　普及甲醇燃料电池时，放松这些严格规定的同时，采取确保安全性的技术措施和不妨碍甲醇燃料普及的处理规定是非常必要的。然而，产品跨越国界在世界范围内扩展，需要确立一种无贸易壁垒且国内国际通用的安全基准。

　　国际电气标准会议（IEC）上，正式设立了以安全性、性能试验法、通用性为议题的工作小组，目前正在讨论建立国际标准。小组讨论的话题包括从飞机客房内的台面上落下一个甲醇燃料电池时会发生什么样的危险状况，甲醇会不会从盒子中泄漏，家庭中如何防止孩子舔食甲醇等问题。

要点
CHECK!

- 甲醇毒性强，且属于易燃性液体，因此存在安全隐患
- IEC目前正在进行确立安全基准和互换性方面的工作

图1 针对甲醇燃料电池普及的努力

甲醇燃料电池普及障碍的主要原因

甲醇危险性方面的原因是
有毒性
易燃性（沸点：65℃，燃点：12℃）

法规上限制的存在
消防法上的限制
禁止在机舱内携带甲醇燃料电池

为普及甲醇燃料电池
法规的缓和
确保安全性的技术措施
设置处理上的规定
进行国际标准化便于在全球各地使用

国际电气标准会议（IEC）采取的措施
成立工作小组：建立安全性、性能试验法、
通用性等方面的国际标准
具体研究实例：甲醇燃料电池下落时是否
具有危险性、防止孩子误
食等

名词解释

甲醇的毒性→一般来说，食用8～20g就能使双目失明，使用30～50g会导致死亡。
燃点→与液体甲醇接触的空气接触火焰时，能够引起燃烧的最低温度。也就是说，甲醇与空气的边界上，特别是当甲醇的蒸气压等于外部压力时，空气中甲醇蒸气的浓度能够进入燃烧界限的温度。但这种情况下，移开火焰就能灭火。

甲醇燃料电池不需要改质器

　　手机等便携式设备的性能逐年提高,但其能量消耗也显示出增涨的趋势。能量消耗增大的结果是,向支持手机功能的电源,也就是手机的能量储藏设备,提出了扩大容量的要求。目前,手机电源一般都使用充电电池(蓄电池),但如果将充电电池换成燃料电池,就没有必要充电,只要有燃料,在没有电源的地区也能长时间使用。应对这种社会需求,体积小巧重量轻的微型燃料电池闪亮登场。

　　微型燃料电池主要使用甲醇燃料电池。甲醇燃料电池中,燃料极上甲醇水溶液直接发生氧化反应,生成氢离子、CO_2 和电子,向外排放 CO_2,氢离子和电子分别通过电解质和外部回路达到空气极。从外部导入的氧气(空气)在空气极上与氢离子和电子结合生成水。微型燃料电池使用与固体高分子型相同的固体高分子膜电解质,能在常温和常压下工作。化学反应表达式如下所示。

燃料极(阳极):$CH_3OH + H_2O \rightarrow 6H^+ + CO_2 + 6e^-$

空气极(阴极):$6H^+ + \dfrac{3}{2}O_2 + 6e^- \rightarrow 3H_2O$

　　甲醇燃料电池最大的特点是不需要改质过程,因此能够实现小型轻量化。采用被动型时,也不需要使用泵和发动机等动力装置,更加有利于小型轻量化。

　　甲醇燃料电池最大的缺点是燃料极上的电压损失大(电极电压高),而且甲醇通过电解质时发生甲醇渗透现象,因此其输出功率密度比固体高分子型燃料电池低。

第 **6** 章

研究企业用燃料电池

企业用燃料电池横跨于固体高分子型燃料电池、磷酸型燃料电池、熔融碳酸盐型燃料电池和固体氧化物型燃料电池，其输出规模分布范围非常广阔，从数千瓦级到数万千瓦级不等。本章主要研究企业用燃料电池的使用目的和形态以及适用于企业的燃料电池种类的相关内容。

079 企业用燃料电池有什么用途

　　企业用燃料电池是指，商业设施、产业界以及电力业界使用的燃料电池。企业用燃料电池与第 2～4 章描述的家庭用、汽车用动力源、便携式设备用电源等不同，具有热联发电、大容量发电设备等多种用途。所以其输出功率规模从数千瓦级到数万千瓦级的范围内广泛分布，其对象涵盖了包含固体高分子型燃料电池、磷酸型燃料电池、熔融碳酸盐型燃料电池、固体氧化物型燃料电池在内的几乎所有类型的燃料电池。但是，与汽车和便携式设备等移动体和移动设备中的利用方法有所不同，这种燃料电池都需要设置在规定场所工作，包含家庭用燃料电池在内的企业用燃料电池称为固定放置式燃料电池。

　　企业用燃料电池的用途，整理如下。

　① 作为数据中心和通信基地等使用的高可靠性补充电源。

　② 便利店和小规模的饭店中安装的小容量热联发电设备。

　③ 在医院、旅馆、大厦和学校安装的中容量热联发电设备。

　④ 以节能减排为目的的热联发电设备。

　⑤ 担当区域电力和热供应的能量站用燃料电池。

　⑥ 以非常高的发电效率为目标，编排在煤气化发电和高效率热联发电设备中的较大容量的燃料电池。

　　现在，一提起燃料电池，就会想到 2009 年开始商业化应用的家庭用燃料电池和即将在 2015 年开始商业化普及的汽车用燃料电池，但是，20 世纪 80 年代，企业用燃料电池被认为是燃料电池领域中最有力的市场，最初期待商业化的是输出功率为 200kW 级的磷酸型燃料电池。

要点 CHECK!

● 企业用燃料电池用途广泛，输出功率规模范围较广，种类也较多
● 最初期待商业化的是输出功率为200kW级的磷酸型燃料电池

表1 固定放置式燃料电池的规模与用途

种 类	运转温度(℃)	发电效率(%)	用 途	输出功率(kW)	适用场所	备 注
磷酸型	约200℃	35~45%	企业用	50~200W	旅馆、医院、学校、产业用等	在日美欧等成绩颇丰
固体高分子型	70~90℃	30~40%	大型发电用	1000~11 000kW	电力公司、产业用	进行过验证试验
			家庭用	0.7~1kW	个人住宅、集合住宅等	从验证试验阶段步入商用化
熔融碳酸盐型	600~700℃	45~60%	企业用	5~50kW	便利店、加油站、报刊亭等商业设施	
			企业用、产业用	250~3000kW	旅馆、医院、学校、产业用等	在日美欧等成绩颇丰
固体氧化物型	700~1000℃	45~65%	大型发电用	1500~100 000kW	电力公司、产业用	正在开发与燃气轮机的复合发电
			家庭用	0.7~1kW	个人住宅、集合住宅等	计划进行商用化
			企业用、产业用、大型发电用	250kW~		开发中

大型燃料电池商用化使用较少，磷酸型燃料电池的输出功率为50~100kW、熔融碳酸盐型的输出功率为300~3000kW左右。

图1 安装磷酸型燃料电池的目的

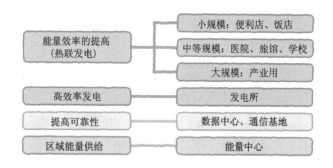

080 企业用燃料电池市场开始兴起磷酸型燃料电池

1981 年由日本通产省（现在的经济产业省）开启的月光计划的主要课题是以燃料电池实用化为目标的开发与验证研究。当时一提起燃料电池，主流是磷酸型燃料电池，当时表示最高的技术水准，因此磷酸型燃料电池被称为第一代燃料电池。当初人们设想最有希望的燃料电池市场是企业用燃料电池，具体来说，旅馆和医院等的热联发电电源以及实例不多的电力公司的高效率发电设备。

磷酸型燃料电池的工作原理第 1 章已经进行了介绍，现在再与固体高分子型燃料电池的特征进行对比，复习一下。

磷酸型燃料电池不是以固体高分子膜为电解质，而是以多空质板中渗透的液体磷酸水溶液为电解质。燃料是以氢气为主要成分的改质气体，电极反应与固体高分子型燃料电池相同。但是，当工作温度达到 200℃左右时，化学反应非常活跃，对改质气体的组成和电极催化剂的制约条件就会变得相对宽松。

具体来说，固体高分子型燃料电池中，燃料极上导入的改质气体的 CO 浓度需要被控制在 10ppm 以下。磷酸型燃料电池中，改质气体的 CO 浓度允许在 1％左右，用铂金作电极催化剂，不必像固体高分子型燃料电池那样加入钌。还有另一个优点就是工作温度较高，从叠层电池排出的热能温度较高，用蒸气进行回收，也能提高热能的价值。

磷酸型燃料电池的输出功率以 50～200kW 级别为标准，像小容量固体高分子型燃料电池那样进行小型紧凑化有一定限度。但，磷酸型燃料电池的目标发电功率为 40％，比固体高分子型燃料电池高出不少。（请参照 019）

要点 CHECK!
- 1981年开始的月光计划，主流是企业用磷酸型燃料电池
- 磷酸型燃料电池的工作温度为200℃左右，目标发电效率为40％

图1 磷酸型燃料电池层叠装置的构造

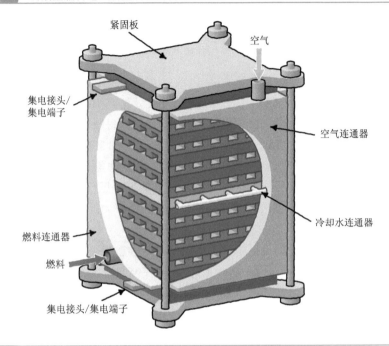

紧固板

空气

集电接头/集电端子

空气连通器

冷却水连通器

燃料连通器

燃料

集电接头/集电端子

表1 磷酸型燃料电池的方法实例

参考：『水素・燃料電池ハンドブック』氢燃料电池手册编辑委员会 编(OHM社)

项 目		性能 样式	备 注
款式		FP-100F	
定额输出功率(送电端)		100kW	
发电效率(送电端)		40%(LHV)	
排热回收效率	90℃热水	17%	回收蒸气也可
	50℃热水	23%	
综合效率		80%	
NO_x		5ppm	
噪音		65dB(A)	
燃料		城市燃气(13A) LPG	
尺寸		2.2×3.8×2.5(m)	
重量		10t	

081 磷酸型燃料电池开发与市场开拓的历史

　　磷酸型燃料电池的基础研究始于 20 世纪 60 年代,从现在可以追溯到 50 年前。在 50 年的发展历程中,著名开发计划有 1967 由美国组织的目标计划。这是美国燃气公司以扩大利用天然气为目的组织的燃料电池大规模验证项目。目标计划委托 UTC 公司(现在的 IFC 公司)开发燃料电池,所制造的输出功率为 12.5kW 的 64 台发电设备分别设置在工厂、大厦、饭店等 35 个场所进行运转实验。日本的东京燃气公司和大阪燃气公司也参加了美国的目标计划,并在日本埼玉县和大阪府共设置了 4 台设备,有资料记载验证实验持续到 1976 年。

　　世界上第一个磷酸型商用机的引进从 20 世纪 90 年代开始的。在克林顿政权时代的美国能源部身兼要职,并且在燃料电池和氢气相关的开发推进中发挥着主导作用的 Romm 博士在其著作中写道,世界上第一个商用机是由 UTC 公司向美国第一国家银行的数据中心引进的。其目的是,当电力系统停电时,磷酸型燃料电池作为高度可靠性电源保证电力的供应。

　　银行的数据中心处理来自世界各地的信用卡业务,停电引起的银行功能的停止会给顾客造成极大的损失。美国的电力系统可靠性没有日本高,因此银行都配备电池或者柴油发电机等备用电源,虽然磷酸型燃料电池设备投资高,但运转成本低廉,银行使用磷酸型燃料电池主要着眼于其节约使用寿命成本这一点。

　　这些成绩为燃料电池的宣传做出了很大的贡献,但磷酸型燃料电池的过高成本成为其发展的瓶颈,从那以后这种市场也消失殆尽了。

要点 CHECK!

- 磷酸型燃料电池的基础研究始于20世纪60年代
- 银行引进磷酸型燃料电池一号机作为无停电高可靠性电源使用

图1 磷酸型燃料电池在日本的安装实例

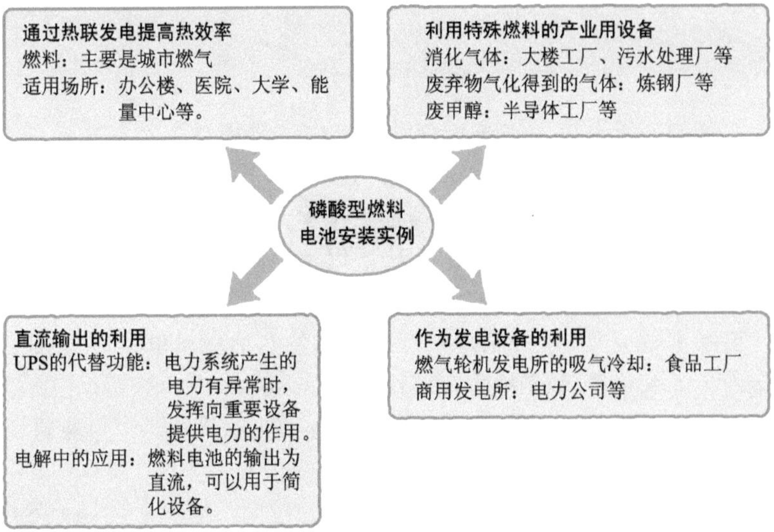

通过热联发电提高热效率
燃料：主要是城市燃气
适用场所：办公楼、医院、大学、能
　　　　　量中心等。

利用特殊燃料的产业用设备
消化气体：大楼工厂、污水处理厂等
废弃物气化得到的气体：炼钢厂等
废甲醇：半导体工厂等

磷酸型燃料
电池安装实例

直流输出的利用
UPS的代替功能：电力系统产生的
　　　　　　　　电力有异常时，
　　　　　　　　发挥向重要设备
　　　　　　　　提供电力的作用。
电解中的应用：燃料电池的输出为
　　　　　　　直流，可以用于简
　　　　　　　化设备。

作为发电设备的利用
燃气轮机发电所的吸气冷却：食品工厂
商用发电所：电力公司等

图2 磷酸型燃料电池与无停电电源装置的直流连接系统

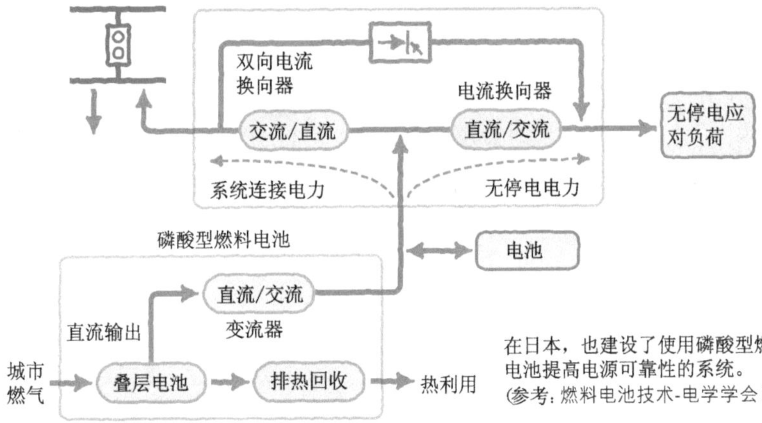

UPS（无停电电源装置）

双向电流
换向器
交流/直流

电流换向器
直流/交流

无停电应
对负荷

系统连接电力

无停电电力

磷酸型燃料电池

电池

直流/交流
变流器

直流输出

城市
燃气

叠层电池 → 排热回收 → 热利用

在日本，也建设了使用磷酸型燃料
电池提高电源可靠性的系统。
（参考：燃料电池技术-电学学会）

082 食品废弃物和生垃圾是有效的能量资源

　　大家应该听说过**生物质**这个词语吧。生物质是生物与物质的合成语,该术语表示以植物为中心的生物所具有的有机资源。生物质的官方定义是,甘蔗、玉米、菜籽和花生等资源作物、下水道污泥和食品废弃物、家畜排泄物、建筑废材等废弃物生物质以及包含稻草和取自森林未被利用的间伐材在内的生物质。

　　诸如木材一类的生物质经过燃烧产生的热能能发电,当然在此过程中会产生二氧化碳,但是植物在成长过程中会吸收它那份二氧化碳,因此对下面这种说法,国际上都是赞成的,即"即使生物质资源作为能源利用,实质上空气中的二氧化碳是不会增加的"。

　　这种考虑方法称为**碳中和**。也就是说,与太阳能发电和风力发电一样,生物质作为能源利用时,是一种环境友好的清洁资源。尤其是,下水道污泥和生垃圾等未被利用的生物质能被转变成电能等能源,还能节省垃圾处理费用,所以被视为具有很高价值的循环事业。

　　在日本,废弃物和生物质资源量达到 3 亿 2700 万吨,进行干燥去除水分后其干燥重量能达到 7600 万吨,这些生物质资源作为能源时,相当于 3280 万立方米原油。尤其是食品废弃物的 25％可以作为肥料和家畜饲料使用,其余部分不能被利用,下水道污泥的 25％也完全不能被利用。

　　下一节主要介绍一下以食品废弃物和下水道污泥为原料运转燃料电池的项目和实例。

要点
CHECK!
- 生物质是碳中和的能源
- 废弃物生物质能源的利用是非常具有价值的循环事业

图1 碳中和的概念

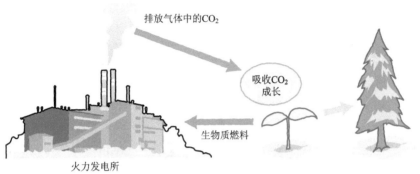

排放气体中的CO₂

吸收CO₂
成长

生物质燃料

火力发电所

总的来说，生物质燃料的燃烧不会增加大气中的CO₂含量。

图2 循环农业

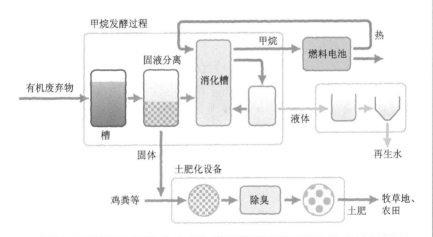

甲烷发酵过程

固液分离

甲烷   热

消化槽   燃料电池

有机废弃物

槽

液体

固体

再生水

土肥化设备

鸡粪等   除臭   土肥   牧草地、农田

循环农业： 农业和乳畜业等产生的废弃物生物质通过甲烷发酵产生甲烷气体，这种甲烷气体可以用于燃料电池发电，热能也能利用。甲烷发酵生成的残渣进行固液分离后，液体的部分可作为液肥进行利用，剩下的部分进行水处理之后可作为再生水进行利用。固体部分通过肥料化设备变成土肥回归农田和牧草地。循环农业本身能够承担燃料供给，有自然灾害时也能运转。

用生垃圾发电的燃料电池

从 2001 年到 2003 年，日本环境省在神户市的人工岛港开展了名为"应对地球变暖的对策实施验证事业"的项目。该项目是以宾馆、饭店和家庭排出的生垃圾为燃料，通过燃料电池进行发电的验证性项目。

以生垃圾为燃料电池燃料时，需要经过甲烷发酵的过程。发酵过程是利用细菌等微生物分解有机物的现象。甲烷发酵是在没有氧气的厌氧性环境下，利用微生物群的作用，将生物质（有机资源）分解成甲烷气体（CH_4）和二氧化碳（CO_2）的过程。如图 1 所示，甲烷发酵在酸生成过程和甲烷生成过程的第三阶段进行。

神户市的生垃圾发电项目是每天收集 6 吨左右的生垃圾，去除异物之后，进行粉碎，在生物质反应器中把粉碎后的生垃圾变成生物气体，对生物气体进行精制后与含 60%～70%甲烷气体和含 30%～40%二氧化碳的混合气体进行混合，最终将混合气体导入输出功率为 100kW 的燃料电池中产生电能的计划（图 2）。由于燃料电池中有改质器，甲烷气体在改质器中与水蒸气反应生成高纯度氢气。鹿岛建设参与建设该项目，采用的燃料电池是磷酸型燃料电池（富士电机制造）。

最后对项目进行总结后发现，通过日常收集积累用于运转输出功率为 100kW 的燃料电池的生垃圾是最困难的事情，但是能够进行确认的是通过这个实验从 1 吨生垃圾中得到了 521kWh 电能。这些电能相当于50 个普通家庭一天的用电量。项目结束之后，设备也被废弃了。

要点 CHECK!
- 以生垃圾为燃料运转磷酸型燃料电池的验证性试验项目
- 利用生垃圾的能量时需要经过甲烷发酵过程

图1 甲烷发酵的原理

参考：『图解 燃料电池のすべて』本间琢也 监修(工业调查会)

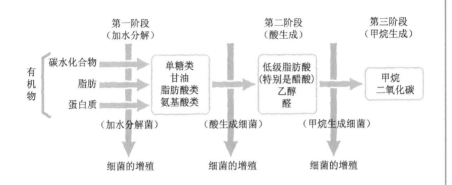

图2 甲烷发酵与燃料电池的配合使用

参考：『图解 燃料电池のすべて』本间琢也 监修(工业调查会)

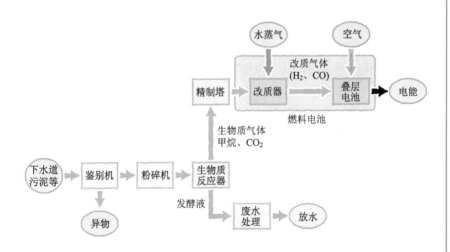

084 用于废弃物系生物质能源利用的熔融碳酸盐型燃料电池

熔融碳酸盐型燃料电池属于第二代燃料电池。20 世纪 90 年代,日本兴起了熔融碳酸盐型燃料电池的研究开发热。代表性的活动有,1988 设立的官民合同技术研究组合所开启的大容量发电设备的开发与验证试验项目。

从 1990 年开始,100kW 级燃料电池系统的实验在电力中央研究所的赤城综合实验所开始实施,作为其延续,1000kW 的中试发电厂在中部电力川越火力发电所开始建设。资料记载,从成功发电的 1999 年 1 月到停止运转的 2000 年 1 月末时,持续运转时间达 5000 小时,发电效率达 45%。2005 年,爱知万博上为满足会场的电能和热能消耗,建立了两个 250kW 的燃料电池发电设备,它们都是以生垃圾等废弃物为原料进行发电。在日本,各种项目的成果不同凡响,但是遗憾的是熔融碳酸盐型燃料电池商用机的开发让美国燃料电池能源公司(FCE 公司)抢了先。美国燃料电池能源公司(FCE 公司)约有 60 台输出功率为 250~300KW 的商用机,分布在美国、欧洲、日本等国家。

日本第一号机于 2003 年被安装在麒麟啤酒公司的取手分厂。其运转方式为,啤酒酿造过程的排水中产生消化气体,丸红公司免费取用消化气体,将其作为燃料用于燃料电池的运转。丸红公司又将产生的电能和热能以市场价格提供给同一工厂。这种利用废弃物系生物质的熔融碳酸盐型燃料电池是由美国燃料电池能源公司(FCE 公司)研发的。据说,这种燃料电池的发电效率通常可以达到 45%,最高时能达到 47%,并且可靠性非常高。2003 年福冈市西部水处理中心引入了这种燃料电池,2006 年京东生态能源项目和东京超级生态镇中也引入了这种燃料电池。

要点 CHECK!

- 1000kW的熔融碳酸盐型燃料电池发电设备在川越火力发电所开始建设
- 美国燃料电池能源公司(FCE公司)成功开展了商用机的企业化,将设备引入了麒麟啤酒公司

图1　熔融碳酸盐型燃料电池发电设备

图片是美国FCE公司制造的DFC300，输出功率为250kW。引入日本的都是这个型号，以城市燃气、天然气和消化气体等作为燃料。

图2　使用消化气的燃料电池发电系统的构成

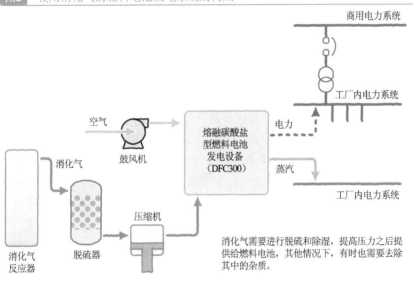

消化气需要进行脱硫和除湿，提高压力之后提供给燃料电池，其他情况下，有时也需要去除其中的杂质。

名词解释

消化气→家畜排泄物、生垃圾、下水道污泥等水分较多的生物质在厌氧条件(无氧气的环境)下通过甲醇发酵生成的气体称为生物气体，特别是以下水道污泥为原料的气体称为消化气体。

085 被称为第三代燃料电池的固体氧化物型燃料电池

固体氧化物型料电池被称为第三代燃料电池,其工作温度高于熔融碳酸盐型燃料电池,固体氧化物型燃料电池需要更高的制作技术。固体氧化物型燃料电池由电极、电解质和连接单电池的内部连接器等组成,全部的部件都是由固体陶瓷构成。目标工作温度为 1000℃,因此不能使用金属材料。

固体氧化物型燃料电池历史悠久。1937 年,德国试制的氧化锆电解质的单电池被认为是固体氧化物型燃料电池发展的起点。20 世纪 60 年代,日本名古屋大学和东京大学也都进行了固体氧化物型燃料电池的研究,当时将陶瓷平板型单电池进行层叠是非常困难的事情。美国西屋公司(WH)攻克技术难关完成了技术突破。1970 年左右,西屋公司将图 1 所示的铃铛型单电池层叠起来,成功制造了输出功率为 100W 的套管式(Bell and Spigot 型)固体氧化物型叠层燃料电池。于是作为其延展,人们考虑采用厚且强度高的多孔质陶瓷管的表面粘上单电池的构造。由于其外观看似横条纹的圆筒,被人们称为圆筒横纹型燃料电池。中空陶瓷管的内侧有燃料流动,管的外侧暴露于空气之中(图 2)。

进入 20 世纪 80 年代,西屋公司为了减少单电池间的阻力,开发了一根中空圆筒管上形成一个单电池的结构,这种结构称为圆筒纵纹型(024)。基于此,长时间发电实验的成功成了巨大的动力,活跃了包含日本在内的美国、欧洲的开发研究活动。并且,美国西屋公司的技术为 1998 年成立的美国西屋动力公司(Siemens Western House Power Corporation)公司所继承。

要点 CHECK!
- 高温工作的固体氧化物型燃料电池被称为第三代燃料电池
- 美国西屋公司的圆筒形燃料电池引发了全世界的开发活动

图1 套管式（Bell and Spigot）固体氧化物型燃料电池

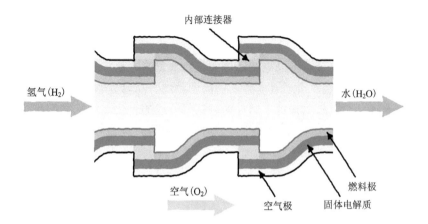

内部连接器

氢气（H₂）

水（H₂O）

空气（O₂）

燃料极

空气极

固体电解质

图2 圆筒横纹型固体氧化物型燃料电池

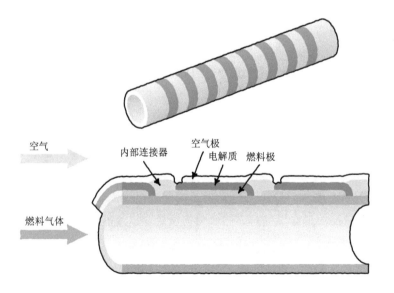

空气

内部连接器

空气极

电解质

燃料极

燃料气体

　　熔融碳酸盐型燃料电池和固体氧化物型燃料电池都属于高温型燃料电池,它们的特点在于通过电解质的离子特性。高温型燃料电池中,氧化剂离子从空气极向燃料极方向移动。这里所说的氧化剂表示能够氧化反应物的物质,相当于熔融碳酸盐型燃料电池中的碳酸根离子(CO_3^{2-})和固体氧化物型燃料电池中的氧离子(O^{2-})。燃料极上,这些离子能够氧化从外部导入的燃料,一般来说适用的燃料范围广泛,这也成为它们的优点之一。

　　固体氧化物型燃料电池中,空气极上生成的氧离子到达燃料极,氢气和一氧化碳(CO)被燃料极上的氧离子氧化,生成水和二氧化碳气体,同时释放电子。换句话说,氢气和一氧化碳都能作为固体氧化物型燃料电池的燃料使用,更有甚者,这个事实开辟了以煤为燃料的道路。煤与氧气(或空气)和水蒸气在高温下作用,生成主要成分为氢气和 CO 的气体,并且这些气体分子极有可能在燃料极上发生电极反应。

　　目前,正在推进利用煤炭气化的固体氧化物型燃料电池发电项目。图 1 所示为煤炭气化熔融碳酸盐型燃料电池发电系统,固体氧化物型燃料电池的发电系统的基本构成与煤炭气化熔融碳酸盐型燃料电池发电系统基本相同。煤炭中所含的硫元素会对燃料电池产生不利的影响,因此必须事先去除。据推测,由煤炭气化发电设备、高温型燃料电池和燃气轮机发电构成的煤炭气化燃料电池复合发电系统(IGFC)中,送电端的热效率最少能够达到 53% 以上,二氧化碳排放量比煤炭火力发电减少 30%。尤其是,较高的工作温度对固体氧化物型燃料电池的使用非常有利。

要点
CHECK！

- 一般来说,适用于高温型燃料电池的燃料范围广泛
- 煤炭气化燃料电池复合发电系统使用高温型燃料电池

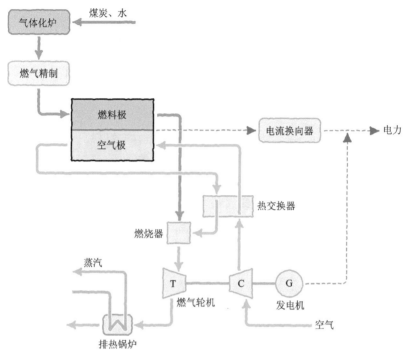

图1 煤气化燃料电池发电系统的构成

煤中碳含量较高，以CO为燃料的熔融碳酸盐型燃料电池和固体氧化物高温型燃料电池都能以煤为燃料。

087 组合高温型燃料电池与燃气轮机发电的高效率发电方式

　　设置小规模家用热联发电装置是目前固体氧化物型燃料电池开发的主要目的。从 20 世纪 80 年代到 21 世纪初为止,大家都在关注大容量发电设备的实用化,这主要是考虑到工作温度高、规模小的发电设备通过放热产生的热损失大,并对其发电性能产生不利影响的缘故。

　　当工作温度较高时,发电时产生较高温度的热能,热能的利用价值也更高,产生的热能可作为燃气轮机和蒸汽轮机等热力机的输入进行利用。天然气等化石燃料通过改质变成氢气和一氧化碳的反应可直接在单电池叠层装置内进行。由于其卓越的性能,组合高温型燃料电池、燃气轮机和蒸汽轮机的复合发电系统引起了广泛关注。由于其发电规模范围从数兆瓦达到数百兆瓦,人们提出了以大输出功率为目标的开发计划。

　　其中,颇具野心的大规模输出项目是美国能源部(DOE)在 2003 年 2 月发表的美国未来能源计划(Future Gen 项目)。美国未来能源计划是将煤炭气化系统、固体氧化物型燃料电池、燃气轮机以及二氧化碳地下隔离储存系统进行组合,开发输出功率为 7.5 万千瓦的发电设备项目。

　　工作温度高的缺点在于,升温和降温都需要时间,而且陶瓷的温度变化较为迟缓,因此不发电的时候也需要保持较高的温度。但这种情况下,也可以利用叠层装置内的改质反应产生氢气。因此,固体氧化物型燃料电池的定位是能够产生电能、热能以及氢气三种能量媒介的发电设备。

要点
CHECK!

- 美国未来能源计划（Future Gen项目）是关注环境问题的颇具野心的项目
- 可以利用叠层装置内的改质反应产生氢气

图1　美国未来能源计划

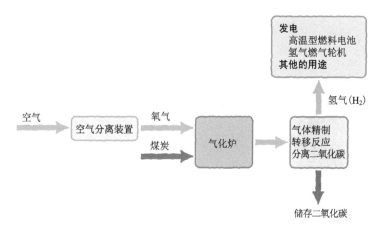

上图为初期计划，DOE(美国能源部)当初的预算计划用于建设不排放CO₂的275 MW验证发电设备，后来，DOE的预算仅用于二氧化碳的回收和储存。现状是，在民间建设了数个煤炭气化复合发电所，它们的CO₂回收和储存设备都算在DOE的预算中。

表1　二氧化碳回收实例

回收方法	过　程	技术开发要素	课　题
溶液吸收法	从火力发电所、热力机等的排放气体分离CO_2	技术开发要素少	回收所消耗的能量较大
溶液吸收法	煤炭气化之后分离CO_2，用清洁能源发电	技术开发要素少	设备费用过高，回收所得能量比排出气体的能量小
氧气燃烧法	各种发电设备中，碳水化合物在氧气中燃烧，冷却后去除水分	系统和燃烧技术的开发是必要的（温度控制、低氧气过剩率燃烧）	氧气发电设备的消费能力和成本的降低
液化分离法	利用燃料电池的CO_2浓缩功能，从阳极排放的气体中回收CO_2	系统开发是必要的	对燃料电池的性能、寿命的影响

与高效率化相比，现在更注重减少CO₂排放量，总之笔者认为，有必要回收CO₂的时候总会到来的。

COLUMN

各种企业用燃料电池闪亮登场

在燃料电池的历史上,最初提出实际应用燃料电池是企业用燃料电池。企业用燃料电池的应用领域非常广泛,从便利店的热联发电用数千瓦级的固体高分子型燃料电池到办公室和公司的备用电源,工厂中以节能为目的的数百万千瓦级的磷酸型燃料电池和熔融碳酸盐型燃料电池,以及电力企业使用的复合循环火力发电的数万千瓦级固体氧化物型燃料电池等都可以作为企业用燃料电池的代表实例。

从1981开始的日本月光计划中,磷酸型燃料电池被称为第一代燃料电池,熔融碳酸盐型燃料电池被称为第二代燃料电池,除此之外,当初尚处于基础研究阶段的固体氧化物型燃料电池则被称为第三代燃料电池。最初达到实用化阶段的是磷酸型燃料电池,20世纪90年代,发电输出功率为200kW的磷酸型燃料电池作为高可靠性备用电源安装在美国银行的数据中心。

让人产生浓厚兴趣的项目是将生垃圾和下水道污泥等含水分较多的废弃物系生物质进行甲烷发酵,利用产生的甲烷运转燃料电池。第一个项目是2001年到2003年间在神户市开展的环境省的项目。该项目是每天以六吨的生垃圾为原料运转输出功率为100kW的磷酸型燃料电池,为该地区提供电力和热能的计划。从神户的项目之后,地方自治体和民间企业也继承了这种项目,只不过采用了效率比磷酸型燃料电池更高的熔融碳酸盐型燃料电池。

固体氧化物型燃料电池工作温度高,发电效率高,排热温度也高,而且氢气,一氧化碳和甲烷等碳水化合物都能作为固体氧化物型燃料电池的燃料使用。由于固体氧化物型燃料电池的这种特点,完全有可能实现把固体氧化物型燃料电池、燃气轮机和蒸汽轮机组合在一起的高效率煤炭气化复合循环火力发电。目前日本电源开发株式会社(JPOWER)正在进行这种发电设备的开发。

第 **7** 章

智能化能源网络与氢气能源社会

介绍氢气能源社会，研究氢气的优点和缺点。为了大量取用太阳能发电能等可再生能源，引入智能化能源系统，研究氢气能源对智能化能源系统的意义。

美国前总统布什于 2003 年 1 月的一般预算咨文演说中发表了名为"氢气先行能源计划"的政策。总统演讲的部分原文如下所示。

"为了使美国在氢气动力清洁能源汽车的开发中,成为世界的领导者,今夜我提出 12 亿美元以上的开发费用支出提案。(中略)我希望通过新政策,我国的科学技术研究人员克服一切困难将氢气汽车从实验室搬到橱窗,使得今天诞生的婴儿们变成大人后开的第一辆车是几乎不排放任何污染物的汽车"。

这里所说的氢气汽车和几乎不排放任何污染物的车是指当时的燃料电池汽车。当时,不仅仅是美国,还有全世界的很多人莫名其妙地预感到"燃料电池和燃料电池汽车为核心的氢气能源社在不久的将来就会实现"。

克林顿政权时代,主导美国能源部燃料电池开发项目的 Romm 博士在其著作《关于氢气的夸大宣传》的绪论中,将氢气经济社会的印象表现如下。

"人们每天都开着清洁能源车去上班。停在办公室和家里的汽车就地就变成小型发电所,发出的清洁电力通过电网提供给社区社会,而且由电力公司支付这一部分电力的费用"。

上述氢气能源社会印象与现任总统奥巴马所推行的智能电网构想确有相通之处。

要点 CHECK!

- 2003年,布什总统发表了"氢气先行能源计划"
- 氢气能源社会的主角是燃料电池汽车

图1 燃料电池汽车的发展

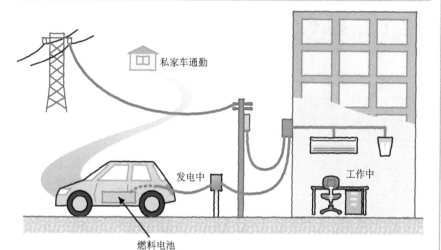

私家车通勤

发电中

工作中

燃料电池

不使用汽车时，可作为发电设备使用。这种概念中，单电池的耐久性成为最关键的问题。

图2 氢气能源社会的概念

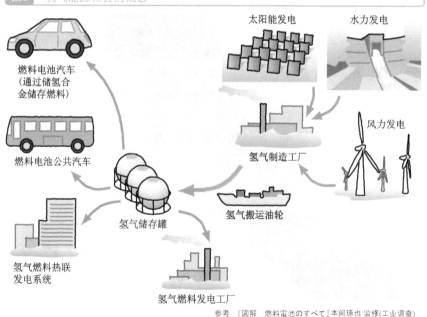

太阳能发电

水力发电

燃料电池汽车
（通过储氢合金储存燃料）

风力发电

燃料电池公共汽车

氢气制造工厂

氢气储存罐

氢气搬运油轮

氢气燃料热联发电系统

氢气燃料发电工厂

参考：『图解 燃料電池のすべて』本間琢也 監修(工业调查)

曾任职美国能源部的 Romm 博士对氢气作了如下评论:"氢气是最好的燃料,同时也是最不好的燃料"。

氢气都有什么优点呢?首先,氢气燃烧时几乎不排放包含二氧化碳在内的对环境和健康有害的物质,是一种完全清洁的燃料。第二个优点是,氢是地球上含量最丰富的元素,不仅从化石燃料,从核燃料和可再生能源也能够制造出氢气。除此之外,通过水的电解反应可高效地获得氢气,反过来纯氢气通过燃料电池能以 60％ 以上的高效率转化成电能。更进一步,以食盐电解工业为首的钢铁业、石油化学等工业过程中产生大量的氢气副产品,这些氢气都可进行利用。

那么,氢气都有什么缺点呢?虽然,氢在地球上的含量非常丰富,但是氢气原子被封闭在水和天然气等分子中,从自然界中得到纯粹的氢气并不是那么简单的事。所以,获得氢气也需要消耗能量。氢气最大的缺点在于单位体积的能量密度低,氢气单位体积的能量密度为天然气的三分之一,液体氢气单位体积的能量密度也较低,不超过汽油的四分之一。

第三点是关于安全性的问题。氢气的最小点火能是汽油的十分之一,氢气与空气的混合比在较广的范围内都有燃烧和爆炸的危险,而且氢气分子小而轻,泄漏时容易扩散。氢气发生泄漏时,为确保安全性,换气的同时,应快速检测到氢气泄漏的位置,切忌滞留氢气。

要点
CHECK!

- 氢气是一种清洁能源,氢是地球上含量最丰富的元素
- 氢气在自然界中不以单质形式存在,氢气的单位体积能量密度较低

图1 未来氢气供给基础设施的概念

参考：『図解 燃料電池のすべて』本间琢也 监修(工业调查)

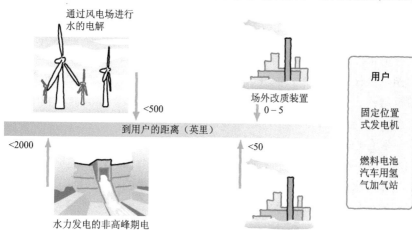

通过风电场进行水的电解

场外改质装置
↓ 0 - 5

<500

到用户的距离（英里）

<2000

水力发电的非高峰期电力进行水的电解

<50

大规模天然气改质装置

用户

固定位置式发电机

燃料电池汽车用氢气加气站

输送氢气的方法除了设置氢气专用的输送管的方法之外，也可以使用天然气的输送管，目前正在研究天然气和氢气混合输送的方法。

表1 未来氢气供给基础设施的概念

	氢气	甲烷	氢气的特点
燃烧生成物	H_2O	H_2O、CO_2	氢气不生成对环境有害的物质
发热量	2576	8558	氢气单位体积发热量低于甲烷的1/3
分子量	2.016	16.043	氢气是最小的分子，容易泄漏
空气中爆炸(燃烧)极限	4~75%	5~15%	氢气能在非常广的范围内发生爆炸
沸点	−252.9℃	−161.5℃	
其他	氢气脆化		氢气能使某些金属变脆

树木繁茂的广场的朝南一面坡的屋顶(斜度相同的屋顶)上铺满了太阳能电池板。实际上,这些电池板发挥集热板的作用,具有集热和发电的双重结构。这种用太阳能发电电池板是非晶体硅太阳能电池重叠微结晶硅膜的双层结构,与原来的太阳能电池相比,发电效率至少提高了三成。

取自外部的空气通过设置在集热板和屋顶间的通气层时,被太阳能加热,之后通过向下的管道向底下的蓄热槽蓄热。并且,可根据需要作为暖气和热水的热源使用。当然房子的墙壁和玻璃窗等都采用了绝热性能良好的材料,因此为保持家里的舒适温度,运行热泵所消费的电力比一般的家庭少很多。

房子的屋顶上有个烟囱状的换气口,在那里安装了一个小型的风力发电机。房子与车库之间有蓄电池室,车库中备有 200V 的充电器。停放着的电动汽车会在电力需求少的时间段自动充电。充电约需要 8 小时就能完成。一次充满电可以行使 160km,通勤和买东西时使用完全没有问题。长距离的旅行时,使用作为第二辆车的混合动力汽车或者燃料电池汽车。

智能房屋的另一特点是,通过智能计量表一眼就能了解家中的电力和热能的流动和供给关系的同时,能够将系统的电力消费量降到最小。现在的能量自给率能够达到 65%,通过进一步的高度控制可达到 100% 的目标自给率。

要点
CHECK!

- 取用太阳能,配备蓄电池和蓄热槽的生态房屋
- 智能计量表使电力和热能的流动可视化

图1　未来的住宅（生态房屋）

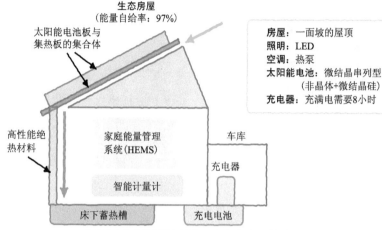

生态房屋
（能量自给率：97%）

太阳能电池板与
集热板的集合体

高性能绝
热材料

家庭能量管理
系统（HEMS）

智能计量计

床下蓄热槽

车库

充电器

充电电池

房屋：一面坡的屋顶
照明：LED
空调：热泵
太阳能电池：微结晶串列型
　　　　　　（非晶体＋微结晶硅）
充电器：充满电需要8小时

个人住宅的节能是日本削减CO_2目标的重要对象之一。

图2　智能能量网络

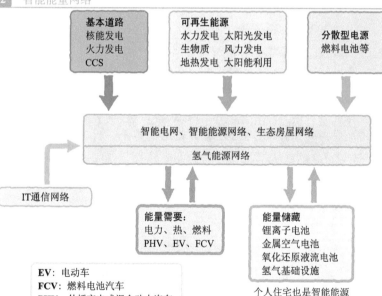

基本道路
核能发电
火力发电
CCS

可再生能源
水力发电　太阳光发电
生物质　　风力发电
地热发电　太阳能利用

分散型电源
燃料电池等

智能电网、智能能源网络、生态房屋网络

氢气能源网络

IT通信网络

能量需要：
电力、热、燃料
PHV、EV、FCV

能量储藏
锂离子电池
金属空气电池
氧化还原液流电池
氢气基础设施

EV：电动车
FCV：燃料电池汽车
PHV：外插充电式混合动力汽车

个人住宅也是智能能源
网络的一部分

名词解释

CCS(Carbon dioxide Capture and Storage)　二氧化碳的回收储存

COLUMN

智能能源网络与氢气能源系统

　　目前的电力系统,常常以固定的输出功率运转的核能发电和高效率火力发电等基本负荷电源为主体,以调节输出功率的火力发电、水力发电以及具有大规模电力储存功能的抽水发电等作为支持。太阳能和风力发电等可再生能源随时间和空间的变动较大。为维持电力系统的稳定性,给消费者提供可靠性高的电力,大规模取用这些可再生能源时,规定详细的输入输出与能量储存功能的同时,引入并使用高度情报通信功能,在广域上高效率地控制电力的流动。当然,可再生能源中,除了水力和地热发电等可调节电源之外,还有受区域限制的生物质,也有生物乙醇和生物柴油等可搬运燃料。

　　虽然以上内容仅仅是着眼于电力的描述,但能量的需求中包含热能和可搬运燃料。智能能源网络就是通过电力、热能等能量媒体的综合广域性运用,提高能量利用率的尝试。支持智能能源网络的主要能源是电力、氢气、天然气以及太阳热和生物质等可再生能源,特别是太阳能的利用中热泵的应用很有效。燃料电池通过氢气和天然气获得电能的同时,通过场外利用产生的排热能,能够大大地提高能量利用效率。给城市中的集合住宅引入燃料电池时,很有必要构筑氢气网络为各个家庭提供氢气。氢气能源社会也许会从这里开始。

参考文献

著 書

はじめての薄膜作製技術　　　　草野英二 著(工業調査会、2006年)

薄膜作成の基礎(第4版)　　　　麻蒔立男 著(日刊工業新聞社、2005年)

はじめての半導体ナノプロセス　前田和夫 著(工業調査会、2004年)

図解 薄膜技術　　　　　　　　日本表面科学会 編(培風館、1999年)

参考网页网址 (URL)

トコトンやさしい超微細加工の本　麻蒔立男 著(日刊工業新聞社、2004年)

超微細加工の基礎(第2版)　　　麻蒔立男 著(日刊工業新聞社、2001年)

21世紀のドライプロセス技術　　廣瀬全孝ほか 編著
　　　　　　　　　　　　　　　(リアライズ理工センター、2000年)

超微細加工技術　　　　　　　　徳山 巍 著(オーム社、1997年)

はじめての時代のドライプロセス技術　(リアライズ理工センター、1995年)

提供照片的网页网址

わかりやすい真空技術(第3版)　真空技術基礎講習会運営委員会 編
　　　　　　　　　　　　　　　(日刊工業新聞社、2010年)

現場技術者のための真空技術入門　宇津木勝 著(工業調査会、2007年)

トコトンやさしい真空の本　　　麻蒔立男 著(日刊工業新聞社、2002年)

わかりやすい真空技術　　　　　日本真空工業会(工業調査会、1999年)

真空のはなし(第2版)　　　　　麻蒔立男 著(日刊工業新聞社、1991年)